LA VÉRITABLE ARITHMÉTIQUE PRIMAIRE

OU

LE CALCUL RENDU FACILE

PAR DEMANDES ET PAR RÉPONSES

A L'USAGE DES ÉCOLES PRIMAIRES

Et de toutes sortes de personnes, tels que Artisans, Banquiers, Commerçants Marchands, etc.

PAR J. T. DELANDRE

Instituteur.

PRIX : 1 FR. 75 C.

SE VEND :

A PARIS,

CHEZ HACHETTE, LIBRAIRE DE L'UNIVERSITÉ

Rue Pierre-Sarrazin, 12

CHEZ TOUS LES PRINCIPAUX LIBRAIRES DU DÉPARTEMENT

Et à Nandy, chez l'Auteur

NOVEMBRE 1845

LA VÉRITABLE

ARITHMÉTIQUE PRIMAIRE

Les formalités voulues par la loi ayant été remplies, nous poursuivrons les contrefacteurs et débitants de contrefaçons de cet ouvrage.

J.-T Delandre

Melun. — Imprimerie de Desrues.

LA VÉRITABLE

ARITHMÉTIQUE PRIMAIRE

OU

LE CALCUL RENDU FACILE

PAR DEMANDES ET PAR RÉPONSES

A L'USAGE DES ÉCOLES PRIMAIRES

Et de toutes sortes de personnes, tels que Artisans, Banquiers, Commerçants Marchands, etc.,

PAR J. T. DELANDRE

Instituteur.

PRIX : 1 FR. 75 C.

SE VEND:

A PARIS,

CHEZ HACHETTE, LIBRAIRE DE L'UNIVERSITÉ

Rue Pierre-Sarrazin, 12

CHEZ TOUS LES PRINCIPAUX LIBRAIRES DU DÉPARTEMENT

Et à Nandy, chez l'Auteur

NOVEMBRE 1845

1846

PRÉFACE.

Dans cet Ouvrage, que jai l'honneur d'offrir au public, et de destiner spécialement à l'Instruction primaire, mon seul but a été de garder un juste milieu entre les Arithmétiques trop compliquées, et celles qui sont trop succinctes. En outre, pour qu'il accomplisse plus parfaitement mes vues, j'ai cru devoir l'établir par demandes et par réponses. L'expérience, je crois, justifiera mon projet............

Cette nouvelle Méthode d'enseigner l'Arithmétique comprend *deux* parties distinctes, dont chacune est divisée en *quatre* chapitres.

PREMIÈRE PARTIE.

Le *premier* chapitre renferme, outre l'introduction aux Mathématiques, la Numération des nombres entiers et décimaux développée, suivie des principes généraux sur la Numération romaine.

Le *deuxième* contient l'exposition méthodique et raisonnée du Système légal des poids et mesures métriques.

Le *troisième* comprend l'Addition, la Soustraction, la Multiplication et la Division des nombres entiers et décimaux, établies d'après un nouveau plan méthodique, et suivies du procédé de l'Evaluation des quotients en décimales.

Le *quatrième* renferme les Signes arithmétiques, la Numération des fractions ordinaires, les propriétés dont elles sont susceptibles, leur Calcul, leur Conversion en fractions décimales, etc.

DEUXIÈME PARTIE.

Le *cinquième* contient la formation du Carré et du Cube des nombres, ainsi que l'Extraction de leurs racines carrées et cubiques, tant des nombres entiers que des nombres décimaux, et des fractions ordinaires.

Le *sixième* comprend les Rapports et les Proportions, ainsi que les Règles de Trois directe et inverse, simple et composée.

Le *septième* renferme les Règles d'Intérêt simple et composé, d'Escompte, de Société simple et composée, et d'Alliage.

Le *huitième* et dernier contient les Progressions par différence et par quotient, suivies de toutes les applications dont elles sont susceptibles.

Nota. Chaque Règle est suivie d'exercices et problèmes gradués qui servent d'applications.

Voyez l'erratum à la fin du livre.

INTRODUCTION.

1. *Demande.* Qu'est-ce qu'on entend par mathématiques?

Réponse. Par mathématiques, on entend la science qui a pour objet la *combinaison* et la *comparaison* des *grandeurs* ou *quantités*.

2. *D.* Qu'appelle-t-on grandeur ou quantité?

R. On appelle grandeur ou quantité, tout ce qui est susceptible d'*augmentation* ou de *diminution*. Tels sont, par exemple, les *lignes*, les *surfaces*, les *temps*, les *poids*, les *mesures*, les *valeurs*, etc.

3. *D.* Comment se forme-t-on une idée exacte d'une quantité quelconque?

R. Pour se former une juste idée d'une quantité quelconque, on la rapporte à une autre quantité de même espèce qu'on appelle *unité de comparaison*, ou simplement UNITÉ. Ainsi, pour évaluer la longueur d'un mur, la hauteur d'un édifice, etc., on se sert de *l'unité de longueur*, que l'on porte autant de fois que possible sur la longueur ou la hauteur donnée; et le nombre de fois qu'elle y aura été portée pour arriver exactement au bout, exprimera la longueur ou la hauteur cherchée. De même, si l'on veut connaître la capacité d'un fût ou d'un bassin quelconque, on se sert de l'unité de capacité, dont on met la contenance autant de fois que possible pour emplir l'objet; et le nombre de fois qu'elle y aura été mise pour qu'il soit tout-à-fait plein, exprimera la capacité demandée, etc., etc.

4. *D.* Quelles sont les unités qui servent à évaluer les *longueurs*, les *surfaces*, les *solides* ou *corps*, les *mesures* ou *capacités*, les *poids*, les *valeurs* ou *monnaies*?

R. Ces unités sont : *le mètre*, *l'are*, *le mètre cube* ou *le stère*, *le litre*, *le gramme* et *le franc*.

5. *D.* Ces unités sont-elles les seules qui existent pour évaluer les quantités?

R. Non; il y a autant d'espèces d'unités que d'espèces de quantités. Par exemple, dans *cent hommes*, *quinze cents pommes*, *vingt arbres*, etc; *l'homme*, *la pomme*, *l'arbre*, etc., sont encore des unités.

6. *D.* Que résulte-t-il de là?

R. Il résulte de là que l'unité est elle-même une espèce de quantité, servant de terme de comparaison à toutes les quantités de la même espèce.

D. Qu'est-ce que l'unité alors?

R. *L'unité* est ce qui sert à comparer ou à mesurer les quantités.

7. *D.* Qu'arrive-t-il lorsqu'on a comparé une quantité à l'unité qui lui sert de mesure?

R. Il en résulte ce qu'on appelle UN NOMBRE.

D. Qu'est-ce que le nombre alors?

R. Le *nombre* est le *résultat* de la comparaison

d'une quantité à son unité, ou, plus simplement, la *réunion* de plusieurs unités de même espèce.

8. *D*. Qu'arrive-t-il lorsque l'on compare une quantité quelconque à son unité de mesure?

R. Il arrive *trois* cas : 1° ou que l'unité est contenue un nombre exact de fois dans la quantité, 2° ou qu'elle y est contenue un nombre exact de fois plus en partie, 3° ou enfin qu'elle n'y est contenue que partiellement.

D. De là combien de sortes de nombres?

R. *Trois:* 1° le *nombre entier* qui exprime une collection exacte de plusieurs unités de même espèce, comme *quinze mètres*, *vingt-cinq ares*, etc.; 2° le *nombre fractionnaire* qui renferme plusieurs unités de même espèce et une partie de l'unité, tel que *quinze mètres cinquante centimètres*, *douze ares vingt-cinq centiares*, etc.; 3° et la *fraction* proprement dite qui ne contient pas l'unité entière, comme *soixante-quinze centimètres*, quatre décistères, etc.

9. *D*. Qu'appelle-t-on *nombre concret ou abstrait?*

R. Un nombre est *concret*, lorsque l'espèce d'unité qu'il représente est déterminée, comme *dix-sept moutons*, *cent vingt-cinq grammes*, *soixante centimètres*; il est *abstrait*, quand on fait abstraction de l'espèce d'unité, tel que *trente-six*, *quarante*, *six fois*, *neuf fois*.

10. *D*. Qu'est-ce que le *nombre simple* et le *nombre composé?*

R. Le nombre *simple* est celui qui ne renferme des unités que d'une seule espèce, comme *dix-huit francs*, *douze stères*; le nombre *composé* est celui qui en contient de plusieurs espèces et de même nature, tel que *trente mètres quarante centimètres, quarante-deux ares vingt-et-un centiares.*

D. Que résulte-t-il de là?

R. Il résulte de là que le nombre simple et le nombre composé ne sont autre chose que le nombre entier et le nombre fractionnaire.

11. *D.* Qu'est ce-que l'arithmétique?

R. L'ARITHMÉTIQUE est la science des nombres dont elle comprend la NUMÉRATION et le CALCUL.

PREMIÈRE PARTIE.

CHAPITRE PREMIER.

DE LA NUMÉRATION.

12. *D.* Qu'est-ce-que la numération?

R. La *numération* est l'art de former, de représenter et d'exprimer tous les nombres au moyen de la parole et de l'écriture.

D. Que suit-il de là?

R. Il suit de là qu'on distingue deux sortes de numération : la *numération parlée*, et la *numération écrite*.

NUMÉRATION PARLÉE.

13. *D.* Quel est l'objet de la numération parlée?

R. La *numération parlée* a pour objet la nomenclature et la formation des nombres.

14. *D.* Quel est le premier nombre?

R. Le premier nombre est l'*unité* ou *un*.

D. Comment se forment les nombres suivants?

R. Les nombres suivants se forment en ajoutant *un* successivement à lui-même ; ce qui donne *deux, trois, quatre, cinq, six, sept, huit, neuf, dix*.....

D. Comment s'appellent les neuf premiers nombres?

R. On les appelle *unités simples* ou *unités du premier ordre*.

D. Donne-t-on un nom particulier à chaque nombre que l'on forme?

R. Non ; parce que la mémoire ne pourrait jamais suffire à retenir *autant* de mots *que* de nombres.

15. *D*. Qu'a-t-on fait pour obvier à cet inconvénient?

R. On a considéré le nombre *dix* comme une nouvelle espèce d'unité, nommée DIZAINE ou *unité de second ordre*, et on a compté par dizaine comme par unités simples; c'est-à-dire que l'on dit : *une dizaine, deux dizaines, trois, quatre, cinq, six, sept, huit, neuf dizaines* ; ou, *dix, vingt, trente, quarante, cinquante, soixante, septante, octante, nonante*.

D. Les mots *septante, octante* et *nonante* sont-ils toujours en usage?

R. Non ; quoique conformes à l'analogie, on les remplace par *soixante-dix, quatre-vingts*, et *quatre-vingt-dix*.

D. Quels sont les nombres dont on se sert pour exprimer les nombres entre dix et vingt, etc., et à la suite de quatre-vingt-dix ?

R. On se sert des neuf premiers nombres.

D. N'y a-t-il pas ici une irrégularité dans l'ordre de la formation?

R. Oui ; au lieu de dire : *dix un dix deux, dix trois, dix quatre, dix cinq, dix six*, l'usage a fait substituer les mots *onze, douze, treize, quatorze, quinze* et *seize*; il en est de même à la suite de *soixante-dix* et de *quatre-vingt-dix*.

16. *D*. Le nombre *quatre-vingt-dix-neuf* étant ainsi formé, que fait-on suite?

R. On y ajoute l'*unité*, ce qui donne une collection de *dix dizaines*, qu'on appelle CENT ou CENTAINE, et qu'on regarde comme l'*unité du troisième ordre*.

D. Comment forme-t-on les nombres suivants?

R. Pour former les nombres suivants, on compte par *centaines* comme on a compté par dizaines et par unités simples; c'est-à-dire que l'on dit : *cent*, *deux cents*, *trois*, *quatre*, *cinq*, *six*, *sept*, *huit*, *neuf cents*.

D. Comment forme-t-on les nombres entre *cent* et *deux cents*, etc., et à la suite de *neuf cents*.

R. On se sert de tous les nombres compris depuis *un* jusqu'à *quatre-vingt-dix-neuf*, ce qui forme *neuf cent quatre-vingt-dix-neuf*.

17. *D*. Que fait-on alors?

R. On ajoute *un* à ce nombre, ce qui donne une collection de *dix centaines*, à laquelle on donne le nom de MILLE, ou d'*unité de quatrième ordre*.

18. *D*. Parvenu à ce nombre quelle remarque fait-on?

R. Arrivé à ce nombre, pour ne pas trop multiplier les mots, on considère *mille* comme *une nouvelle espèce d'unité principale*, c'est-à-dire, de même qu'on a compté par unités simples, dizaines, centaines d'unités simples, on compte par *unités de mille*, *dizaines de mille*, *centaines de mille*.

D. Quels noms donne-t-on à dizaines de mille et centaines de mille?

R. Les noms *d'unités du cinquième ordre et du sixième ordre*.

D. Entre deux nombres de mille consécutifs et à la suite de neuf cent quatre-vingt-dix-neuf mille, qu'emploie t-on?

R. On se sert de tous les nombres inférieurs à mille; de sorte qu'on forme le nombre *neuf cent quatre-vingt-dix-neuf mille neuf cent quatre-vingt-dix-neuf*.

19. *D*. Ce dernier nombre augmenté de l'unité, que donne-t-il?

R. Il donne *dix cent mille* ou *mille mille*, collection que l'on appelle MILLION, ou *unité du septième ordre*.

20. *D*. Comment considère-t-on à son tour le million?

R. Le million, de même que le mille, est regardé comme *une nouvelle unité principale*, ainsi que le *billion*, le *trillon*, le *quatrillon*, le *quintillion*, etc., qui suivent; de telle sorte que *mille millions*, s'expriment par BILLION; *mille billions*, par TRILLION; *mille trillions*, par QUATRLLION, et ainsi de suite.

D. Que résulte-t-il de là?

R. Il résulte de là que, formant les *unités*, *dizaines*, *centaines*, de chacune de ces unités principales, de la même manière qu'on a formé les unités, dizaines, centaines d'unités simples et de mille, il n'y a point de nombre entier imaginable qui ne puisse être formé.

21. *D*. Que conclut-on de tout ce qui précède?

R. On conclut que tous les nombres en général, se forment à l'aide seulement des mots qui expriment les neuf premiers nombres, et ceux qui représentent les divers ordres d'unités.

22. *D*. Qu'observe-t-on pour terminer?

R. Pour terminer, on observe qu'une dizaine de million forme l'*unité du huitième ordre*; une centaine de million, l'*unité du neuvième ordre*; qu'un billion est l'*unité du dixième ordre*, etc , etc.

NUMÉRATION ÉCRITE.

23. *D*. Qu'est-ce que la *numération écrite*?

R. La *numération écrite* consiste à représenter et à exprimer, à l'aide de *dix caractères* ou *chiffres*, tous les nombres énoncés en langage ordinaire ou dans la numération parlée.

24. *D*. Quels sont ces dix caractères?

R. Ces dix caractères sont : 1, 2, 3, 4, 5, 6, 7, 8, 9 et 0, qui s'énoncent : *un*, *deux*, *trois*, *quatre*, *cinq*, *six*, *sept*, *huit*, *neuf* et *zéro*.

25. *D*. Comment appelle-t-on les neuf premiers?

R. Ils sont appelés *chiffres significatifs*, à cause de la valeur que chacun représente.

26. *D*. Comment se nomme le dernier ou le zéro?

R. Il est nommé *chiffre d'ordre*; parce que sa fonction est de remplacer les divers ordres d'unités qui peuvent manquer dans l'énoncé des nombres.

27. *D*. Comment ces dix chiffres peuvent-ils exprimer tous les différents ordres d'unités que les nombres renferment?

R. C'est sur le PRINCIPE INGÉNIEUX *que tout chiffre significatif placé à gauche d'un autre quelconque, exprime des unités dix fois plus fortes que celles de cet autre chiffre; c'est-à-dire lorsque plusieurs chiffres sont écrits les uns à la suite des autres, le premier, à droite, exprime des unités simples, le second des di-*

zaines, le troisième des centaines, le quatrième des mille, et ainsi de suite.

MANIÈRE D'ÉCRIRE LES NOMBRES.

28. *D.* Comment écrirait-on le nombre *six cent quarante-huit?*

R. Pour écrire ce nombre, on observe qu'étant composé de 8 *unités simples*, 4 *dizaines* et 6 *centaines*, il doit s'écrire de cette manière 648, en plaçant de droite à gauche d'abord les 8 unités, puis les 4 dizaines, enfin les 6 centaines.

D. Et le nombre *cent quarante-cinq millions trois cent vingt-huit mille neuf cent soixante-sept?*

R. Comme il se compose de 7 *unités simples*, 6 *dizaines*, 9 *centaines*, 8 *unités de mille*, 2 *dizaines de mille*, 3 *centaines de mille*, 5 *unités de millions*, 4 *dizaines de millions* et 1 *centaine de millions*; il s'écrira par les *neuf* chiffres 145328967.

29. *D.* Quel est le moyen d'écrire le nouveau nombre *trois mille cinquante?*

R. L'énoncé de ce nombre comprend d'abord 5 *dizaines d'unités simples*, et 3 *unités de mille*; mais, comme il ne renferme ni *unités simples* et ni *centaines*, on l'écrira donc ainsi 3050, en mettant un *zéro* à la *place* des unités simples, et un autre *zéro* à *celle* des centaines.

D. Quel est enfin le moyen d'écrire *trente billions soixante-dix millions huit cent mille six?*

R. Après avoir réfléchi sur l'énoncé de ce nombre, on voit qu'il se compose de 6 *unités simples*, 0 *dizaines d'unités simples*, 0 *centaines d'unités simples*, 0 *uni-*

tés de mille, 0 *dizaines de mille*, 8 *centaines de mille*, 0 *unités de millions*, 7 *dizaines de millions*, 0 *centaines de millions*, 0 *unités de billions et trois dizaines de billions*; ainsi, il sera écrit par l'ensemble des *onze* chiffres 30070800006.

30. *D.* Que résulte-t-il de la numération écrite?

R. Il résulte que tout nombre écrit se divise en *centaines*, *dizaines* et *unités simples*; en *centaines*, *dizaines* et *unités de mille*; en *centaines*, *dizaines* et *unités de millions*, etc., c'est-à-dire en tranches d'*unités simples*, de *mille*, de *millions*, de *billions*, etc., composées chacune de *trois* chiffres; excepté la dernière à gauche qui peut n'avoir que *deux* chiffres ou même qu'*un seul*.

31. *D.* Quand on sait écrire les nombres composés seulement de trois chiffres, peut-on écrire tous les autres?

R. Oui; car il suffit d'écrire successivement, de droite à gauche, d'abord la tranche des unités simples, puis celle des mille, des millions, des billions, et ainsi de suite.

32. *D.* Faut-il toujours commencer par la droite pour écrire les nombres?

R. On peut aussi commencer par la gauche, et c'est même le moyen le plus facile et le plus expéditif.

D. Dans tous les cas, que faut-il observer pour écrire les nombres?

R. Il faut bien faire attention de ne pas omettre les zéros destinés à remplacer les divers ordres d'unités qui peuvent manquer dans l'énoncé.

33. *D.* Qu'observe-t-on encore en écrivant les nombres?

R. Pour ne pas confondre et pour mieux distinguer les tranches, on les sépare chacune par un petit point (.) ou par un trait horizontal (-) (1).

D. Ainsi, par exemple, comment écrirait-on le fort nombre *quatre-vingt trillions six cent sept billions deux cent millions quatre-vingt-dix mille trois cent dix?*

R: Pour écrire ce nombre, on place d'abord la tranche des trillions 80, et, à sa droite, successivement toutes les autres tranches par ordre de grandeur des unités, en ayant soin de les séparer chacune par un point, ce qui donne 80.607.200.090.310.

MANIÈRE DE LIRE LES NOMBRES.

34. *D.* Quel est le procédé qu'on emploie pour lire les nombres?

R. Pour peu qu'on réfléchisse sur la division des nombres en tranches de trois chiffres, on remarque que, RÉCIPROQUEMENT, *pour lire un nombre quelconque, il suffit de le séparer d'abord par tranches, et ensuite d'énoncer chacune d'elles à partir de la première à gauche, en donnant à chaque tranche le nom qui lui convient.*

35. *D.* Comment lirait-on, par exemple, le nombre 928456?

R. Ce nombre étant ainsi partagé : 928-456, se lira

(1) Si nous disons de séparer les tranches dans les nombres entiers par un point ou par un trait, au lieu d'employer la virgule, c'est parce que celle-ci sera employée pour séparer les entiers des décimales dans les nombres décimaux : c'est, par conséquent, pour éviter la confusion.

par *neuf cent vingt-huit mille quatre cent cinquante-six.*

D. Comment lirait-on encore le fort nombre 8000081009600070?

R. Après l'avoir séparé par tranches comme dessus, ce qui donne : 8.000.081.009.600.070, on voit qu'il se compose de *huit quatrillions quatre-vingt un billions neuf millions six cent mille soixante-dix.*

NUMÉRATION DES FRACTIONS.

36. *D.* Pour compléter la théorie de la numération, que lui manque-t-il?

R. Pour que la théorie de la numération soit complète, il faut que la numération des fractions en fasse partie.

37. *D.* Qu'est-ce qu'on appelle fraction?

R. On appelle *fraction* une quantité moindre que l'unité.

NOMENCLATURE OU FORMATION.

38. *D.* Du mode de formation qu'on a suivi pour obtenir les différents ordres d'unités des nombres entiers, que résulte-t-il?

R. Il résulte que chaque unité d'un rang supérieur en renferme dix du rang immédiatement inférieur; de sorte que l'unité de centaine, par exemple, n'est que la *dixième* partie de l'unité de mille; l'unité de dizaine, la *dixième* partie de l'unité de centaine; et l'unité simple, la *dixième* partie de l'unité de dizaine.

39. *D.* Quelle conséquence tire-t-on de là?

R. Que *pour mieux lier la numération des fractions à celle des entiers, que les deux soient tout à fait conformes, on conçoit l'unité divisée d'abord en dix parties égales appelées* DIXIÈMES ; *le dixième, à son tour, en dix nouvelles parties égales nommées* CENTIÈMES ; *le centième, en dix autres parties égales appelées* MILLIÈMES ; et ainsi de suite : ce qui donne des DIX MILLIÈMES, des CENT MILLIÈMES, des MILLIONIÈMES, etc.

40. *D.* Que suit-il de cette conséquence?

R. Il suit qu'en comptant par *dixièmes, centièmes, millièmes,* etc., comme on a compté par unités simples, dizaines, centaines, etc., seulement dans un ordre inverse à celui qu'on a suivi pour la formation des entiers, il sera facile de former tous les nombres de *dix* en *dix* fois plus petits que l'unité.

D. Pourquoi dans un ordre inverse?

R. Parce qu'il ne serait pas possible de commencer par : *un dixième, deux dixièmes, trois, quatre, cinq, six, sept, huit et neuf dixièmes ;* puisqu'au contraire, pour passer des dixièmes à la formation des parties *dix* fois plus petites ou des *centièmes,* il faut nécessairement avoir déjà compté jusqu'au *dernier* dixième, et ainsi de suite.

41. *D.* Comment appelle-t-on ces fractions?

R. Elles sont appelées *fractions décimales* ou simplement *décimales,* parce qu'elles se forment de parties de *dix* en *dix* fois plus petites.

42. *D.* Un nombre entier accompagné d'une fraction décimale, comment se désigne-t-il?

R. On le désigne sous la dénomination de *nombre décimal.*

MANIÈRE D'ÉCRIRE LES FRACTIONS DÉCIMAS.

43. *D.* Comment écrit-on ou représente-t-on les décimales?

R. On suit un procédé analogue à celui des nombres entiers.

44. *D*. Pourquoi?

R. Parce que, en faisant usage des mêmes caractères que pour la numération écrite, et en suivant, d'une manière inverse (1), le *principe* (n° 24) qui y sert de fondement, il est évident qu'il sera possible d'exprimer en chiffres toutes les parties de *dix* en *dix* fois plus petites que l'unité.

45. *D*. Alors comment s'exprime le nombre décimal 428 *unités* 145?

R. Ce nombre s'exprime par 428 *unités*, 1 *dixième*, 4 *centièmes* et 5 *millièmes* (2).

D. Comment s'exprime encore le nombre 38,60908?

R. Il s'exprime par 38 *unités*, 6 *dixièmes*, 0 *centièmes*, 9 *millièmes*, 0 *dix millièmes*, et 8 *cent millièmes*.

46. *D*. Réciproquement, comment représente-t-on 36 *unités*, 9 *dixièmes*, 7 *centièmes* et 5 *millièmes* ?

R. Ce nombre se représente par 36,975.

D. Et enfin le nombre 5 *unités*, 0 *dixième*, 0 *centième*, 3 *millièmes*, 6 *dix millièmes* et 7 *cent millièmes*?

R. Il se représente par l'ensemble des chiffres 5,00367.

---

(1) D'une manière inverse signifie qu'au lieu d'être de dix en dix fois plus grandes, les unités sont de *dix* en *dix fois* plus petites.

(2) Pour ne pas confondre les entiers avec les décimales, on se sert de la virgule que l'on place après les entiers.

47. *D.* Maintenant, comment lire le nombre décimal 275,64389?

R. Comme ce nombre comprend 275 *unités*, 6 *dixièmes*, 4 *centièmes*, 3 *millièmes*, 8 *dix millièmes* et 9 *cent millièmes*, on le lira par 275 *unités* 64389 *cent millièmes*.

D. Enfin, comment lirait-on le nombre 24,07605008?

R. En décomposant ce nombre comme dessus, on voit qu'il se compose de 24 *unités*, 0 *dixième*, 7 *centièmes*, 6 *millièmes*, 0 *dix millièmes*, 5 *cent millièmes*, 0 *millionième*, 0 *dix millionième*, et 8 *cent millionièmes*; ainsi, on le traduira par 24 *unités* 07605008 *cent millionièmes*.

D. Que suit-il de là?

R. Il suit de là que *pour lire un nombre décimal quelconque, on énonce d'abord les entiers; ensuite on énonce la fraction décimale comme si elle exprimait un nombre entier, en ayant soin de placer à la fin de l'énoncé, le nom de la dernière subdivision décimale.*

48. *D.* Ne pourrait-on pas énoncer autrement un nombre décimal?

R. Oui; on pourrait comprendre dans un seul énoncé la partie des entiers et celle des décimales.

49. *D.* Comment lirait-on de cette manière le nombre décimal 36,2875?

R. D'abord, ce nombre revient à 36 *unités* 2875 *dix millièmes*. Or, si on observe ensuite qu'*une unité* vaut 10 *dixièmes*, 100 *centièmes*, 1000 *millièmes*, 10000 *dix millièmes*, 36 unités équivalant à 360000 dix millièmes, le nombre total ou le nombre proposé se lira par 362.875 *dix millièmes.*

D. Enfin, comment lire encore de la même manière le nombre 15.648, 07500902?

R. D'abord, comme les 15.648 unités équivalent a 156.480 *dixièmes*, à 1.564.800 *centièmes*, à 15.648.000 *millièmes*,.... ou à 1.564.800.000.000 *cent millionièmes*, le nombre proposé revient donc à 1.564.807.500.902 *cent millionièmes.*

D. Que résulte-t-il de là?

R. Il résulte de là que *pour lire un nombre décimal sans faire attention à la virgule, on énonce ce nombre comme s'il exprimait des entiers ; mais il faut avoir soin de placer à la fin de l'énoncé le nom de la dernière subdivision décimale que renferme le nombre proposé.*

MANIÈRE D'ÉCRIRE LES DÉCIMALES.

50. *D.* Réciproquement, comment écrirait-on le nombre décimal *quatre cent cinquante-six unités trois cent soixante-douze millièmes?*

R. D'abord, les unités s'écrivent ainsi : 456. Pour écrire ensuite les décimales, on observe (nº 47) que 300 millièmes reviennent à 30 *centièmes*, ou à 3 *dixièmes*; de même, 70 millièmes équivalent à 7 *centièmes.* Donc, en plaçant d'abord les entiers 456, et ensuite en écrivant à la droite de ce nombre successivement les trois chiffres 3, 7 et 2, on obtient 456, 372 pour le nombre proposé.

D. Comment écrire enfin le nombre *soixante-dix unités huit cent neuf cent millièmes?*

R. On écrit d'abord les unités 70, et on place la

virgule ; ensuite, comme 800 cent millièmes n'ont que la valeur de 80 *dix millièmes*, ou 8 *millièmes*, il n'y a par conséquent ni *dixièmes*, ni *centièmes* et ni *dix millièmes* dans l'énoncé du nombre. Ainsi, en remplaçant par des zéros ces trois ordres d'unités, le nombre proposé sera écrit par 70,00809.

D. Que suit-il de là ?

R. Il suit de là que *pour écrire un nombre décimal quelconque, on écrit d'abord les entiers, et on place la virgule ; ensuite on écrit successivement les chiffres qui représentent les dixièmes, centièmes, millièmes, etc., que renferme l'énoncé, en ayant soin de remplacer par des zéros les divers ordres d'unités décimaux qui peuvent manquer.*

51. *D*. Que ferait-on si le nombre proposé était une fraction proprement dite ?

R. Dans ce cas, il n'y aurait qu'à écrire un zéro pour tenir la place des entiers, et opérer ensuite comme précédemment.

D. Ainsi, comment représenterait-on *vingt-cinq centièmes, trois mille vingt-sept cent millièmes ?*

R. On les représentait par 0,25 et 0,03027.

52. *D*. Ces procédés sont-ils les seuls pour énoncer les nombres décimaux ?

R. Non ; on peut, comme au n° 48, énoncer un nombre décimal sans distinguer les entiers des décimales.

53. *D*. Alors, comment écrirait-on de cette manière le nombre *trente-huit mille six cent quarante-cinq millièmes ?*

R. Il n'y a d'abord qu'à écrire ce nombre comme s'il était un nombre entier 38.645 ; ensuite placer la virgule de manière que le dernier chiffre 5, à droite, exprime des *millièmes*, ou occupe le *troisième* rang décimal. Dans cet exemple, il faut donc la placer entre le 8 et le 6 ; et 38,645 est le nombre proposé.

D. Qu'il s'agisse enfin d'écrire le nombre *six millions neuf cent mille deux cent sept cents millièmes?*

R. Ce nombre s'exprime d'abord par l'ensemble des sept chiffres 6.900.207; ensuite, comme le dernier chiffre 7 doit occuper le *cinquième* rang décimal, on place donc la virgule à la droite du 9 ; et on obtient 69,00207 pour le nombre demandé.

D. Que résulte-t-il de là?

R. Il résulte que *pour exprimer en chiffres un nombre décimal sans que les entiers soient distingués des décimales, on écrit d'abord ce nombre comme s'il était entier; et ensuite on place la virgule de manière que le dernier chiffre à droite exprime des unités de la dernière subdivision que comporte l'énoncé.*

CONSÉQUENCES.

I. 54. *D*. Quel nom porte ce système de numération?

R. Ce système de numération porte le nom de *système décimal*.

D. Pourquoi?

R. Parce que 1° les nombres y sont formés d'unités de *dix* en *dix fois* plus grandes ou plus petites; 2° et qu'ils y sont tous représentés à l'aide de *dix* caractères seulement.

II. 55. *D*. Que résulte-t-il de la numération écrite?

R. Il résulte que *tout chiffre significatif a deux es-*

pèces de valeur : l'une nommée *absolue,* et l'autre *relative.*

D. Quelle est la valeur absolue d'un chiffre?

R. La valeur absolue d'un chiffre est celle qu'il a étant *seul* ou *considéré* seul.

D. Quelle est la valeur relative d'un chiffre?

R. La valeur relative d'un chiffre est celle que lui donne le rang qu'il occupe à la gauche d'*un* ou de *plusieurs* autres chiffres.

Ainsi, dans le nombre 468, les chiffres 4, 6 et 8 ont pour valeur absolue, *quatre*, *six* et *huit;* mais la valeur relative du *second* est *soixante,* et celle du *troisième* est *quatre cents :* parce que le chiffre 6 exprime des *dizaines,* et le chiffre 4 des *centaines.*

56. *D.* Que résulte-t-il encore de la numération écrite?

R. Il résulte encore que, si l'on écrit où l'on supprime à la droite d'un nombre entier quelconque, *un, deux, trois,...* zéros, ce nombre sera rendu *dix, cent, mille,...* fois plus grand ou plus petit.

D. Pourquoi cela?

R. Parce que, dans le premier cas, chacun des chiffres significatifs de ce nombre reculant d'*un, deux, trois,...* rangs vers la gauche, exprimera alors des unités 10, 100, 1000,... fois plus grandes : donc le nombre sera lui-même 10, 100, 1000,... fois plus grand; dans le second, au contraire, le nombre contenant *un, deux, trois,...* chiffres de moins, chacun des chiffres restants représentera des unités 10, 100, 1000,... fois plus petites; donc le nombre sera 10, 100, 1000... fois plus petit.

57. *D.* Que suit-il du même principe?

R. Il suit qu'un nombre décimal quelconque devient *dix, cent, mille,*... fois plus grand ou plus petit, selon qu'on avance la virgule d'*un, deux, trois,*... rangs vers la droite, ou qu'on la recule d'*un, deux, trois,*.... vers la gauche.

D. Pourquoi cela ?

R. Parce que, dans le premier cas, la valeur relative de chaque chiffre devenant 10, 100, 1000,... fois plus grande, le nombre est lui-même 10, 100, 1000,... fois grand ; et, dans le second, au contraire, cette valeur étant 10, 100, 1000,... fois plus petite, le nombre est par conséquent 10, 100, 1000,... fois plus petit (1).

58. *D.* Que conclut-on de là ?

R. On conclut de là qu'on ne change pas la valeur d'un nombre décimal en plaçant sur sa droite un nombre quelconque de zéros.

D. Pourquoi ?

R. D'abord, parce qu'en écrivant plusieurs zéros à la suite d'un nombre décimal sans déplacer la virgule, la partie entière de ce nombre ne change évidemment pas ; et qu'ensuite chaque chiffre significatif de la partie décimale, occupant à droite de la virgule toujours le même rang, représente par conséquent les mêmes unités.

NUMÉRATION ROMAINE.

59. *D.* Combien les Romains employaient-ils de lettres pour représenter les nombres ?

R. Ils se servaient de *sept lettres* seulement.

(1) Pour l'application de ces principes, voyez mon Traité d'Arithmétique complet.

D. Qu'elles sont ces lettres?

R. Ces lettres sont : I, V, X, L, C, D, M.

D. Que valent-elles?

R. Elles valent : 1, 5, 10, 50, 100, 500, 1000.

60. *D*. Surmontées d'*un trait* (-), qu'expriment ces lettres?

R. Elles expriment des unités *mille fois* plus grandes.

Ainsi : $\overline{I}$, $\overline{V}$, $\overline{X}$, $\overline{L}$, $\overline{C}$,
Valent : 1000, 5000, 10000, 50.000, 100.000,
$\overline{D}$, $\overline{M}$,
500.000, 1.000.000.

61. *D*. Surmontées de *deux traits*, que représentent-elles?

R. Elles représentent des unités *un million* de fois plus grandes, c'est-à-dire mille fois plus grandes que surmontées d'un seul trait; et ainsi de suite.

Donc : $\overline{\overline{I}}$, $\overline{\overline{V}}$, $\overline{\overline{X}}$,
Valent : 1.000.000, 5.000.000, 10.000.000,
$\overline{\overline{L}}$, $\overline{\overline{C}}$, $\overline{\overline{D}}$,
50.000.000, 100.000.000, 500.000.000,
$\overline{\overline{M}}$,
1.000.000.000,

D. Que peut-on conclure de là?

R. On conclut que les mille premiers nombres étant connus, il est facile de former tous les nombres imaginables.

62. *D*. Quel est le moyen d'exprimer en chiffres romains les mille premiers nombres?

R. Ce procédé est tiré des trois principes suivants :

1° Qu'un chiffre placé à la droite d'un autre plus grand ou égal, s'ajoute avec cet autre chiffre ; 2° qu'un chiffre placé à la gauche d'un autre plus grand, s'en retranche ; 3° enfin, qu'un chiffre placé entre deux chiffres plus grands, se retranche de celui qui est à sa droite (*Voyez mon arithmétique complète*).

63. *D*. Quelle est l'utilité de cette numération?

R. L'usage des chiffres romains est très-fréquent : on s'en sert soit comme *nombre d'ordre*, soit pour représenter les *dates*, les *millésimes* dans les inscriptions monumentales, etc., etc.

CHAPITRE II.

SYSTÈME LÉGAL DES POIDS ET MESURES.

64. *D*. Qu'est-ce qu'on appelle *système légal des poids et mesures?*

R. On appelle système légal des poids et mesures, l'ensemble des différentes unités de mesures adoptées pour évaluer les *longueurs*, les *surfaces*, les *volumes* ou *solides*, les *capacités*, les *poids* et les *monnaies*.

D. Quelles sont ces unités ?

R. Ces unités sont, comme nous l'avons déjà dit (n° 4) : le *mètre*, l'*are*, le *mètre cube* ou le *stère*, le *litre*, le *gramme* et le *franc*.

65. *D*. Quel nom porte le système des poids et mesures?

R. Le système des poids et mesures s'appelle *système métrique*, parce que les diverses unités de mesures dont il se compose, dérivent toutes du *mètre*.

D. Quel est le mètre alors?

R. Le mètre est par conséquent l'*unité fondamentale* ou la *base* du système des poids et mesures.

NOMENCLATURE DES MESURES MÉTRIQUES.

MESURES LINÉAIRES OU DE LONGUEUR.

66. Qu'est-ce que l'unité de longueur?

R. L'unité de longueur ou le *mètre* est égal à la *dix millionième partie* de la distance de l'un des pôles à l'équateur, ou à la *quarante millionième partie* du méridien terrestre.

67. *D.* Pour représenter les mesures plus grandes et plus petites que le mètre, ainsi que de chacune des autres mèsures, de quels mots se sert-on?

R. On emploie *sept* mots nouveaux, dont *quatre* tirés du grec, et *trois* du latin.

D. Quels sont les mots venant du grec, et que signifient-ils?

R. Les mots tirés du grec sont : *myria, kilo, hecto, déca*; ils signifient : *dix mille, mille, cent, dix.*

D. Quels sont les mots venant du latin, et que signifient-ils?

R. Les mots pris du latin sont : *déci, centi, milli*; ils signifient : *dixième, centième, millième.*

68. *D.* Comment se placent ces différents mots?

R. Ils se placent à la gauche de chaque mesure qu'ils représentent de manière à ne former qu'un seul mot avec elle.

69. *D.* Quelles sont les mesures plus grandes et plus petites que le *mètre?*

R. Ces mesures sont :

Myriamètre, ou mesure de *dix mille mètres*;
Kilomètre, — *mille mètres*;

Hectomètre,	—	*cent mètres;*
Décamètre,	—	*dix mètres;*
Mètre,		UNITÉ PRINCIPALE.
Décimètre,	ou mesure du	*dizième de mètre;*
Centimètre,	—	*centième de mètre;*
Millimètre,	—	*millième de mètre;*

70. *D.* Quel usage fait-on de ces mesures?

R. On se sert du *myriamètre* et du *kilomètre* comme *mesures itinéraires* ou *de distances*; l'*hectomètre* s'emploie pour évaluer une petite longueur ou hauteur; le *décamètre*, par exemple, qui exprime la longueur de la chaine d'arpentage, sert à mesurer les terrains. A l'égard du *mètre* et des *autres* mesures plus petites, ce sont les marchands d'étoffes, les maçons, les tailleurs, etc., qui en font usage.

MESURE DE SUPERFICIE.

71. *D.* Qu'est-ce-que l'unité de superficie?

R. *L'unité de superficie* ou l'*are* est égal à *un décamètre carré*, c'est-à-dire, à un carré de *dix mètres* de chaque côté : ce qui forme *dix* fois *dix* ou *cent mètres carrés.*

72. *D.* Quelles sont les mesures plus grandes et plus petites que l'*are?*

R. Les voici :

Myriare,	qui signifie	*dix mille ares;*
Kilare,	—	*mille ares;*
Hectare,	—	*cent ares;*
Décare,	—	*dix ares;*
ARE,		UNITÉ PRINCIPALE.

Déciare, qui signifie *dixième d'are*;
Centiare, — *centième d'are*;
Milliare, — *millième d'are*.

73. *D.* Quel est l'usage de ces mesures?

R. Il n'y a que le *myriare*, l'*hectare*, l'*are* et le *centiare* dont on fait principalement usage : le myriare sert à exprimer les plus grandes surfaces; l'hectare, les moyennes; enfin l'are et le centiare, les plus petites. Le centiare est égal au *mètre carré*.

MESURE DE SOLIDITÉ.

74. *D.* Qu'est-ce-que l'unité de solidité?

R. *L'unité de solidité* ou le *stère* est égal à un cube *d'un mètre* de chaque face: ce qui forme le *mètre cube*.

75. *D.* Quelles sont les mesures plus grandes et plus petites que le *mètre cube*?

R. Les mesures plus grandes que le *mètre cube* n'ont pas reçu de dénominations particulières; quant aux mesures petites, on fait usage du *décimètre cube* et du *centimètre cube*, qui ne sont autre chose que le *millième* et le *millionième* du mètre cube. (1) Le *mètre cube* et *ses deux autres parties* servent à exprimer le volume des pierres, celui des sables, des charbons, des terres, etc.

---

(1) Il ne faut pas confondre le décimètre cube avec le *dixième* du mètre cube, ni le centimètre cube avec le *centième* du mètre cube; parce que le dixième du mètre cube signifie que, celui-ci étant partagé en *dix* parties égales, on prendrait *une* de ces parties : il en est de même du centième du mètre cube.

2

D. Quel dénomination prend encore le mètre cube ?

R. Lorsqu'on évalue les volumes des bois de chauffage, l'unité de solidité prend alors le nom de stère ; on considère ensuite le *décastère* (mesure de dix stères), et le *décistère* (dixième de stère). Celle-ci s'applique aussi aux bois de charpente.

MESURES DE CAPACITÉS.

76. *D*. Qu'est-ce-que l'unité de capacité ?

R. *L'unité de capacité* ou le *litre* est égal à un cube d'*un décimètre* de chaque côté : ce qui forme le décimètre cube, volume *mille* fois plus petit que le mètre cube.

77. *D*. Quelles sont les mesures plus grandes et plus petites que le *litre ?*

R. Voici celles qui sont principalement en usage :

Hectolitre,	ou mesure de	*cent litres*;
Décalitre,	—	*dix litres;*
LITRE,	ou	UNITÉ PRINCIPALE;
Décilitre,	—	*dixième du litre;*
Centilitre,	—	*centième du litre* (1).

78. *D*. Quel est l'usage de ces mesures ?

R. *L'hectolitre* et le *décalitre* sont deux mesures continuellement en usage dans le commerce des ma-

(1) Pour faciliter le commerce, on admet aussi les doubles et les moitiés de chacune de ces mesures ; ainsi, on fait usage du double décalitre, du demi-décalitre ; du double litre, du demi-litre ; du double décilitre, du demi-décilitre.

tières sèches et des liquides; le *litre* et les *deux autres mesures* plus petites servent généralement dans les boutiques des débitants, des grenetiers, etc., pour la vente en détail.

Quant au *kilolitre*, qui à la capacité d'un mètre cube, on s'en sert quelquefois pour exprimer des capacités considérables; mais le *myrialitre* et le *millilitre* ne servent, pour ainsi dire, presque jamais.

DES POIDS.

79. *D.* Quest-ce-que l'unité de poids?

R. L'unité de poids ou le *gramme* est égal au poids d'*un centimètre cube* d'eau distillée, et ramenée à son maximum de densité.

80. *D.* Quels sont les poids plus grands et plus petits que le *gramme?*

R. Ce sont :

Myriagramme,	ou poids de	*dix mille grammes;*
Kilogramme,	—	*mille grammes;*
Hectogramme,	—	*cent grammes;*
Décagramme,	—	*dix grammes;*
GRAMME,	ou	UNITÉ PRINCIPALE;
Décigramme,	ou poids du	*dixième de gramme;*
Centigramme,	—	*centième de gramme;*
Milligramme,	—	*millième de gramme* (1).

81. *D.* Quel est l'usage de ces poids?

R. Le *myriagramme* sert pour les plus fortes pesées; le *kilogramme*, qui a le poids d'un décimètre

---

(1) Le commerce a encore fait autoriser des poids doubles et des demi-poids de chacun de ces poids.

cube d'eau, s'emploie pour les pesées moyennes; l'*hectogramme* et le *décagramme* servent pour les plus plus petites pesées. Quant au *gramme* et *autres poids* plus petits, ce sont les orfèvres, les joailliers, les pharmaciens, etc., qui en font usage, pour les pesées infiniment petites.

DES MONNAIES.

82. *D.* Qu'est-ce-que l'unité monétaire?

R. *L'unité monétaire* ou le *franc* est une pièce d'argent pesant *cinq grammes*, et contenant *neuf dixièmes* d'argent pur et *un dixième* d'alliage.

83. *D.* Quelles sont les multiples et sous multiples du franc?

R. Il n'y a que le *dixième* (*décime*) et le *centième* (*centime*) du *franc* dont on fait usage. A l'égard des autres valeurs, on ne leur a pas donné de noms particuliers : elles suivent la dénomination décimale (1).

84. *D.* Que peut-on conclure de la nomenclature des unités du système des poids et mesures?

R. En réfléchissant sur cette nomenclature, on reconnaît (comme nous l'avons dit n° 65) qu'effectivement les *diverses unités* de mesures découlent toutes du mètre; le *franc* lui-même qui paraît s'en éloigner, en dérive indirectement : puisque sa valeur

---

(1) Toutefois, on fait usage des pièces d'argent de *cinq* francs, de *deux* francs; ainsi que des pièces d'*un demi*-franc, d'*un quart* de franc.

Quant à l'or, sa *valeur*, à poids égal, est *quinze* fois et *demie* plus forte que *celle* de l'argent; on emploie les pièces de 40 francs, de 20 francs, de 10 francs, et même de 5 francs.

est égale au poids de *cinq grammes*, et que le gramme est le poids d'*un centimètre cube* d'eau distillée.

85. *D.* Que résulte-t-il encore du système métrique?

R. Il résulte encore que, comme dans la numération, puisque le nombre 10 sert à former toutes les unités plus grandes et plus petites que l'unité principale, pour passer des unités principales aux unités plus grandes ou plus petites, il suffit donc de rendre les nombres qui les représentent 10, 100, 1000,.... fois plus grands ou plus petits; de sorte que la formation des unités du système métrique n'est qu'une simple application de la numération décimale, et que, par conséquent, les nombres décimaux peuvent s'appeler *nombres métriques*, et réciproquement ceux-ci nombres décimaux.

CHAPITRE III.

DU CALCUL.

86. *D.* Qu'est-ce que le calcul?

R. Le *calcul* est l'art de composer et de décomposer les nombres par diverses opérations.

87. *D.* Quelles sont les opérations qui servent à la composition des nombres?

R. Ces opérations sont : l'*addition* et la *multiplication*.

D. Quelles sont celles qui servent à les décomposer?

R. Ce sont : la *soustraction* et la *division*.

D. Combien y a-t-il alors d'opérations principales ou fondamentales?

R. Il y en a *quatre* : l'*addition*, la *soustraction*, *la multiplication* et la *division*.

88. *D.* Dans chacune de ces opérations, que doit-on considérer?

R. On considère *quatre* parties, qui sont : 1° la *définition*, 2° la *règle*, 3° l'*exemple*, 4° et la *preuve*.

D. Qu'est-ce-que la définition?

R. La *définition* indique le but de l'opération.

D. Qu'est-ce-que la règle?

R. La *règle* explique comment il faut faire pour opérer,

D. Qu'est-ce-que l'exemple?

R. *L'exemple* sert d'application à la règle, et la grave dans la mémoire.

D. Qu'est-ce-que la preuve?

R. La *preuve* est une seconde opération que l'on fait pour s'assurer de l'exactitude de la première.

DE L'ADDITION.

DÉFINITION.

89. *D.* Qu'est-ce-que l'addition?

R. *L'addition* est une opération qui a pour but de joindre ensemble plusieurs nombres de même nature pour n'en faire qu'*un seul.*

D. Comment s'appelle le résultat de l'addition?

R. Le *résultat* de l'addition s'appelle *somme* ou *total.*

90. *D.* Comment fait-on l'addition des nombres d'un seul chiffre?

R. Le procédé en est si simple, qu'il n'y a point de règle pour ces sortes d'opérations.

Ainsi, pour joindre ensemble les nombres : 9, 6, 5, 7, 4, 1, 2, 8 et 3, on dit tout simplement : 9 et 6 font 15 et 5 font 20 et 7 font 27 et 4 font 31 et 1 font 32 et 2 font 34 et 8 font 42 et 3 font 45 ; donc, 45 est la *somme* ou le *total* cherché.

NOMBRE DE PLUS D'UN CHIFFRE.

RÈGLE.

91 *D*. Comment s'effectue l'addition des nombres de plus d'un chiffre, en général?

R. Pour effectuer l'addition, en général, soit des nombres entiers ou décimaux, *on les dispose d'abord les uns au-dessous des autres de manière que les unités de même ordre ou de même espèce se correspondent, et on tire un trait dessous. Ensuite on additionne successivement chacune des colonnes verticales en commençant par la première à droite; et on écrit au-dessous de la barre la somme des chiffres de cette colonne, si cette somme ne surpasse pas* 9. *Mais, si elle est plus forte que ce chiffre, ou si elle renferme des dizaines et des unités* (1), *alors on écrit seulement les unités sous cette colonne, et on retient les dizaines pour les reporter aux chiffres de la colonne suivante.*

Opérant ainsi successivement sur toutes les colon-

---

(1) On entend ici par dizaines et unités, les dizaines de l'ordre de la seconde colonne, et les unités de celui de la première.

nes, il est clair qu'on obtiendra la *somme demandée;* puisqu'elle résultera en effet de la réunion de toutes les parties décimales, ainsi que des parties entières qui entrent dans les nombres proposés. Seulement, il faut observer que la somme de la dernière colonne doit s'écrire telle qu'on la trouve.

92. Remarque. *D.* Quelle remarque fait-on sur cette règle?

R. Comme on peut écrire jusqu'au nombre 9 au-dessous de chaque colonne, on remarque que, si la somme des chiffres de chaque colonne devait être tout au plus égale à ce chiffre, on pourrait commencer l'opération par la gauche comme par la droite. Mais, comme généralement plusieurs de ces sommes surpassent 9, si l'on commençait par la gauche, on serait obligé de revenir sur un chiffre qu'on aurait écrit, pour l'augmenter d'autant d'unités qu'on aurait trouvé de dizaines dans la colonne suivante en opérant sur cette colonne. Voilà pourquoi il convient dans tous les cas de commencer l'opération par la droite.

NOMBRES ENTIERS.

EXEMPLE I.

93. *D. Quelle est la somme des nombres* 31.240— 10.532 *et* 2.026?

R. On commence par écrire ces nombres les uns sous les autres, de manière que les unités de même ordre soient dans une même colonne verticale, et on tire un trait dessous; ensuite on dit en commençant par les unités simples : 0 et 2 font 2 et 6 font 8, que l'on pose sous cette colonne. Passant aux dizaines, on dit également : 4 et 3 font 7 et 2 font 9 que l'on écrit au rang des dizaines. Puis aux centaines, on dit : 2 et 5 font 7 et 0 font 7, que l'on pose sous les centaines. Ensuite aux mille, on dit : 1 et 0 font 1 et 2 font 3 que l'on écrit sous la colonne des mille. Enfin, passant à la dernière colonne, on dit : 3 et 1 font 4 que l'on pose sous cette colonne.

Opération.

```
 3 1240
 1 0532
   2026
 ------
 43.798
```

Ainsi, 43.798 est le *total* ou la *somme* des trois nombres proposés.

Nota. Dans cet exemple, comme la somme de chaque colonne est tout au plus égale à 9, on aurait pu commencer l'opération par la gauche.

EXEMPLE II.

94. *D.* *Quel est le total des six nombres* 94.658.097 — 8.368.945 — 794.830 — 62.795 — 5.926 *et* 480?

Opération.

```
 94 658097
  8 368945
    794830
     62795
      5926
       480
-----------
103.891.073
```

R. Après avoir disposé ces nombres les uns sous les autres de manière que les unités de même ordre soient dans une même colonne verticale et tiré un trait au-dessous, on dit, en commençant par la première colonne à droite : 7 et 5 font 12 et 0 font 12 et 5 font 17 et 6 font 23 et 0 font 23 ; comme en 23 unités, il y a 2 dizaines et 3 unités simples, on pose donc

3 sous la colonne des unités, et l'on retient les 2 dizaines pour les reporter aux dizaines de la colonne suivante. Puis, passant à cette colonne, on dit : 2 de retenue et 9 font 11 et 4 font 15 et 3 font 18 et 9 font 27 et 2 font 29 et 8 font 37 dizaines, ou 3 centaines et 7 dizaines ; on écrit donc 7 sous les dizaines, et l'on retient trois pour reporter à la colonne des centaines.

Opérant sur les centaines, on dit : 3 de retenue et 0 font 3 et 9 font 12 et 8 font 20 et 7 font 27 et 9 font 36 et 4 font 40 ; or, comme 40 centaines font 4 mille tout juste, on pose donc 0 sous les centaines pour en tenir lieu, et l'on retient 4 pour joindre aux mille.

Continuant, on dit : 4 de retenue et 8 font 12 et 8 font 20 et 4 font 24 et 2 font 26 et 5 font 31 ; en 31 mille, on écrit 1 sous les mille, et l'on retient les 3 dizaines de mille pour reporter à la colonne des dizaines de mille suivante.

Passant à cette colonne, on dit : 3 de retenue et 5 font 8 et 6 font 14 et 9 font 23 et 6 font 29, ou 2 centaines de mille et 9 dizaines de mille ; alors on pose 9 et l'on retient 2 pour joindre aux chiffres de la colonne suivante.

Opérant sur les centaines de mille, on dit : 2 de retenue et 6 font 8 et 3 font 11 et 7 font 18 ; comme en 18 centaines de mille il y a 1 million et 8 centaines de mille, on écrit donc 8, et l'on retient 1 pour reporter à la colonne des millions.

Passant à cette colonne, on dit : 1 de retenue et 4 font 5 et 8 font 13, en 13, on pose 3 et l'on retient 1.

Opérant enfin sur la dernière colonne, on dit : 1

de retenue et 9 font 10 dizaines de millions, ou 1 centaine de millions que l'on écrit tel qu'on le trouve; c'est-à-dire que l'on pose 0 sous les dizaines de millions pour les remplacer, et l'on avance 1.

Ce qui donne 103.891.073 pour la *somme demandée*.

Exercices sur l'addition des nombres entiers.

I. Quel est le *total* des nombres 805.062—70.104—1.780 et 103?

II. Quelle est la *somme* des nombres 6.409—875—80.218—947.130—49 et 36?

III. Quelle est *celle* de 708.249—28.136—7.825— 82 et 7?

IV. Quelle est encore *celle* de 487—65—8.048—6 et 786.214?

V. Quelle est enfin *celle* des huit nombres 86—56.251—789—95.219.048—1.845— 656.347—7.007.007 et 20.020?

NOMBRES DÉCIMAUX.

EXEMPLE.

95. *D. Quel est le total des nombres* 8.785,75—2.656,98789—408,055—0,775—89,5—26,40896 *et* 0,7635?

R. (Comme l'ordre des décimales n'est qu'une suite tout à fait analogique de celui des entiers, il est évident que l'*addition* des nombres décimaux doit s'effectuer de la même manière que celle des nombres entiers).

Ainsi, après avoir disposé les nombres proposés de manière que les unités de même espèce se trouvent dans une même colonne verticale et souligné le tout, on commence l'opération par la première colonne à droite, ou par celle de la plus petite subdivision décimale, en disant : 6 et 9 font 15 ; en 15, on pose 5 et l'on retient 1 ; puis 1 de retenue et 5 font 6 et 9 font 15 et 8 font 23 ; en 23, on écrit 3 et l'on retient 2 ; ensuite 2 de retenue et 3 font 5 et 8 font 13 et 5 font 18 et 5 font 23 et 7 font 30 ; comme il n'y a point d'unité de cet ordre ou de millièmes, on pose 0 pour en tenir lieu et l'on retient 3 ; 3 de retenue et 6 font 9 et 0 font 9 et 7 font 16 et 5 font 21 et 8 font 29 et 5 font 34 ; en 34, on écrit 4 et l'on retient 3 ; 3 de retenue et 7 font 10 et 4 font 14 et 5 font 19 et 7 font 26 et 0 font 26 et 9 font 35 et 7 font 42 dixièmes ou 4 unités et 2 dixièmes ; on pose donc 2 sous les dixièmes et l'on retient 4 pour reporter à la colonne des entiers ; continuant d'opérer ainsi jusqu'à la dernière colonne, on obtient pour *somme* le nombre 11.968,24035, ou 11.968 *unités* 24035 *cent millièmes.*

Opération.
8 785,75
2 656,98789
408,055
0,775
89,5
26,40896
0,7635
11.968,24035

PREUVE.

96. *D.* Quelle est la preuve de l'addition ?

R. On peut vérifier l'addition de plusieurs manières ; mais la plus simple et celle d'ailleurs qu'il nous soit permis d'exposer maintenant, consiste *à recommencer l'opération de bas en haut, si elle a d'abord été effectuée de haut en bas; et il est clair que si le second résultat est égal au premier, l'opération avait été primitivement bien faite.*

Exercices sur l'addition des nombres décimaux.

I. Quel est le total des nombres 284,275—25,75 — 87.214,7608—796.318,87562—1.845—8 et 9,6125?

II. Quelle est la somme des nombres 45,775—0,7625—6,9—867.236,55—6.729,64789 et 0,75?

III. Quelle est celle de 876.478—0,48765—50,45—800,9875—100.000 et 6,1125?

IV. Quelle est enfin celle de 0,47678—45.208—509,608—905.905—0,400865—6,7 et 81,700968?

Problèmes sur l'addition des nombres entiers et décimaux.

I. On a fait une remonte de chevaux à quatre régiments · le premier en a reçu 1695; le deuxième 940; le troisième, 798; et le quatrième, 535. Combien a-t-on fourni de chevaux en tout?

Réponse : 3359 chevaux.

II. Un marchand de bois a fait les cinq achats suivants : 1° 136 stères 75 centistères; 2° 86 st. 8 d.; 3° 18 st. 09 c.; 4° 7 st.; 5° et 0 st. 95 c. : il désire savoir le nombre total de stères et de centistères qu'il a achetés?

Réponse : 249 stères 59 centistères.

III. Un commerçant qui doit les sommes suivantes: 27600 francs, 12675 f., 6890 f., 1000 f., 548 f., 75 c., et 75 f. 7 d., demande combien il doit pour le tout?

IV. Un entrepreneur a fait exécuter : 1° 3609 mètres 75 centimètres pour la somme de 1765 francs 75 centimes, 2° 987 m. 35 c. pour celle de 846 fr. 5 d.; 3°. 672 m. pour 288 f.; 4° 86 m. 8 d. pour 60 f. 45 c.; 5° et 17 m. 95 c. pour 2770 f. Il demande combien il en a fait faire de mètres et pour quelle somme totale?

DE LA SOUSTRACTION.

DÉFINITION.

97. *D.* Qu'est-ce que la soustraction?

R. La *soustraction* est une opération qui a pour but de retrancher un nombre d'un autre de même nature.

D. Comment se nomme le résultat de la soustraction?

R. Le *résultat* de la soustraction se nomme *reste*, *excès* ou *différence*.

98. *D.* Comment fait-on la soustraction des nombres d'un seul chiffre?

R. La soustraction des nombres d'un seul chiffre n'offrant aucune difficulté, ne demande point de règle.

Ainsi, l'excès de 8 sur 3 est 5; la différence de 7 à 3 est 4; de 9 à 0 est 9; de 7 à 7 est 0 : ou autrement, 5 de 8 reste 3; 2 de 9 reste 7; 6 de 7 reste 1.

NOMBRES DE PLUS D'UN CHIFFRE.

RÈGLE.

99. *D.* Comment s'effectue la soustraction des nombres de plus d'un chiffre, en général?

R. Pour effectuer la soustraction, en général, soit des nombres entiers ou décimaux, on place d'abord le plus petit nombre sous le plus grand, de manière que les unités de même ordre ou de même espèce se trouvent dans une même colonne verticale, et on tire un trait au-dessous; ensuite on retranche successivement chaque chiffre inférieur de son correspondant, à partir de la première colonne à droite, en ayant soin d'écrire les restes partiels les uns à la suite des autres de droite à gauche.

Lorsqu'un chiffre inférieur est plus fort que son correspondant, on augmente par la pensée ce dernier chiffre de 10 unités, et on diminue le chiffre qui est à sa gauche d'une unité (ce qui se fait sous la forme d'emprunt).

Si, immédiatement à la gauche d'un chiffre supérieur plus petit que le chiffre inférieur correspondant, il se trouve un ou plusieurs zéros, on augmente toujours par la pensée ce chiffre supérieur de 10 unités; mais, dans les soustractions suivantes, il faut avoir soin de remplacer les zéros par des 9, et de diminuer d'une unité le chiffre significatif qui est à la gauche de ces zéros.

10. *D.* Quelle remarque fait-on sur cette règle?

R. On remarque que si chacun des chiffres du nombre inférieur était moindre que son correspondant, on pourrait commencer l'opération par la gauche comme par la droite; mais, comme le plus souvent, un ou plusieurs des chiffres inférieurs surpassent les chiffres supérieurs correspondants, si l'on commençait par la gauche on ne pourrait faire les emprunts dont on aurait besoin, puisqu'ils se font sur le chiffre ou l'un des chiffres à gauche de celui sur lequel on opère. Donc, il devient absolument nécessaire de commencer l'opération par la droite.

NOMBRES ENTIERS.

EXEMPLE I.

101. *D. Quelle est la différence des deux nombres* 447.689 *et* 424.605.

Opération.

```
 447689
 424605
-------
023.064
```

R. On dispose d'abord ces deux nombres l'un sous l'autre, de manière que les unités de même ordre se correspondent et on tire un trait au-dessous; ensuite on dit, en commençant par la droite ou par la colonne des unités simples : 5 de 9, ou mieux de 9 ôter 5, reste 4 que l'on pose sous cette colonne; puis, passant aux dizaines, on dit : de 8 ôter 0, reste 8 que l'on écrit sous les dizaines; ensuite, de 6 ôter 6, reste 0 que l'on pose au rang des centaines; continuant d'opérer de même sur les trois autres colonnes, on dit : de 7 ôter 4, reste 3; de 4 ôter 2, reste 2; et de 4 ôter 4, reste 0. Ce qui donne 123.084 pour *reste cherché.*

Nota. Dans cet exemple, comme chacun des chiffres du nombre inférieur est moindre que son correspondant, on aurait pu commencer l'opération par la gauche.

EXEMPLE II.

102. *D. Quel est l'excès du nombre* 900.609.528 *sur* 513.986.742?

R. Après avoir disposé ces deux nombres comme dessus, on dit : de 8 ôter 2, reste 6, que l'on pose sous les unités; puis de 2 ôter 4, cela ne se peut; parce que le chiffre inférieur 4 est plus fort que son correspondant.

Opération.

```
  9 9
900609528
513986742
---------
386.622.786
```

Pour obvier à cet inconvénient, on augmente (comme nous l'avons dit dans la règle) le chiffre supérieur de 10 unités de son ordre, ou ce qui revient au même, on emprunte, par la pensée, sur le chiffre des centaines d'à côté, 1 centaine qui vaut 10 dizaines, et que l'on joint au 2 dizaines que l'on a déjà, ce qui donne 12 ; alors ont dit : de 12 ôter 4, reste 8 que l'on écrit au rang des dizaines.

Passant ensuite à la colonne des centaines, et observant que le chiffre supérieur 5 ne vaut plus que 4, à cause de l'emprunt, on dit : de 4 ôter 7, cela ne se peut encore; mais empruntant comme précédemment 1 unité sur le chiffre 9 des mille, qui vaut 10 centaines, avec 4 que l'on a déjà, ce qui forme 14; alors on dit : de 14 ôter 7, reste 7 que l'on pose sous les centaines.

Opérant maintenant sur les mille, on dit : de 8, à cause de l'emprunt, ôter 6, reste 2 que l'on écrit au rang des mille.

Continuant, on dit : de 0 ôter 8, cela ne se peut; mais, empruntant comme à l'ordinaire, de 10 ôter 8, reste 2 que l'on pose sous les dizaines de mille.

Passant aux centaines de mille, on dit : de 5 ôter 9, cela ne se peut; alors on doit emprunter 1 unité sur le chiffre d'à côté. Mais ce chiffre et le suivant sont des zéros; il faut donc avoir recours au chiffre 9 à gauche de ces zéros, sur lequel on prend 1 unité qui en vaut 10 de l'ordre suivant, et 100 de l'ordre des millions : or, comme on n'a besoin que d'une seule unité de ce dernier ordre, on en laisse 99 sur les deux zéros; enfin 1 million ou 10 centaines de mille d'emprunt et 5 que l'on a déjà font 15 centaines de mille; ainsi, on dit : de 15 ôter 9, reste 6 que l'on écrit au rang des centaines de mille.

Dans les deux soustractions suivantes, chacun des zéros étant remplacé par un 9, alors on dit : de 9 ôter 3, reste 6; et de 9 ôter 1, reste 8.

Passant enfin à la dernière colonne, comme le chiffre supérieur 9 ne vaut plus que 8 par rapport à l'emprunt, on dit : de 8 ôter 5, reste 3 que l'on pose sous cette colonne.

Donc, l'*excès* du nombre 900.609.528 sur 513.986.742 est 386.622.786.

Exercices sur la soustraction des nombres entiers.

I. Quelle est la *différence* des deux nombres 864.752 et 134.620?

II. Quel est l'*excès* du nombre 48.763.129 sur 39.467.852?

III. Si du nombre 800.607 on retranchait 576.014, quel serait le *reste*?

IV. Quelle est enfin la *différence* des deux nombres 80.000.610 et 7.320.548?

NOMBRES DÉCIMAUX.

103. *Nota.* (De même que l'*addition* des nombres décimaux s'effectue comme celle des nombres entiers,

de même aussi la *soustraction* des décimales n'est qu'une suite toute naturelle de celle des entiers).

Toutefois, nous ferons observer un cas particulier qui se présente très-souvent dans la soustraction des nombres décimaux, c'est celui où l'un quelconque des nombres proposés contient moins de chiffres décimaux que l'autre. Si c'est le plus grand nombre qui en renferme de moins, alors, avant l'opération, il est nécessaire de placer à la droite de ce nombre autant de zéros qu'il en faut pour que les deux nombres soient égaux en décimales; si, au contraire, le plus petit nombre contient moins de chiffres décimaux que l'autre, on pourrait se dispenser de faire cette préparation. Mais, afin de ne point embarrasser l'élève à ce sujet, on pourra, dans les deux cas, rendre les décimales égales de part et d'autre.

EXEMPLE I.

104. *D. Quelle est la différence des deux nombres* 750.048.25 *et* 80.136,29075?

R. Comme le nombre inférieur contient cinq chiffres décimaux et que le nombre supérieur n'en renferme que deux, il faut donc, avant d'opérer, ajouter *trois* zéros à celui-ci pour l'égaler à l'autre en décimales. Ensuite on commence l'opération par la droite, en disant : de 0 ôter 5, cela ne se peut; alors il faut emprunter 1 unité sur le chiffre d'à côté; mais ce chiffre et le suivant sont encore des zéros, on doit donc avoir recours au chiffre 5 à

Opération.

```
         9 9 1 0
  750048,25000
   80136,29075
  ------------
  669.911,95925
```

gauche de ces zéros sur lequel on prend 1 unité qui en vaut 10 de l'ordre suivant, 100 du deuxième et 1000 du troisième. Or, comme on n'a besoin que d'une seule unité de ce dernier ordre, on en laisse 999 sur les trois autres zéros, et on garde cette seule unité que l'on joint au zéro sur lequel on opère, ce qui donne 10. Ainsi, de 10 ôter 8, reste 2 que l'on pose sous cette colonne; puis, de 9 ôter 5, reste 4 que l'on écrit; ensuite, de 9 ôter 5, reste 2; de 9 ôter 0, reste 9; de 4 (à cause de l'emprunt) ôter 6, cela ne se peut; mais de 14 ôter 9, reste 5; de 1 ou de 11 ôter 9, reste 9 que l'on pose sous les dixièmes. Continuant d'opérer ainsi jusqu'à la dernière colonne, on trouve que la différence des deux nombres proposés est 69.911,95925, ou 69.911 *unités* 95925 *cent millièmes*.

EXEMPLE II.

105. *D. Quel est l'excès du nombre* 70 *sur* 69,999875?

R. Après qu'on a ajouté six zéros au nombre supérieur pour qu'il soit égal à l'autre en décimales, on dispose les nombres et on fait l'opération comme à l'ordinaire.

Opération.

```
 9 999991 0
70,000000
69,999875
---------
 0,000125
```

Il est seulement à remarquer qu'à partir du premier chiffre à droite, tous les chiffres du nombre supérieur étant des zéros, excepté le dernier à gauche. il faut nécessairement avoir recours à ce dernier chiffre, sur lequel on prend 1 unité qui en vaut 10 del'ordre suivant, 100 du deuxième, 1000 du troisième, 10000 du quatrième, 100000 du cinquième, et enfin qui en vaut 1000000 du sixième. Or, comme on n'a besoin que d'une seule unité de ce dernier ordre, on en laisse 999999 sur les six autres zéros, et l'on garde cette unité pour joindre au zéro sur lequel on opère, ce qui donne 10. Maintenant, opérant, on dit : de 10 ôter 5, reste 5; de 9 ôter 7, reste 2; de 9 ôter 8, reste 1; de 9 ôter 9, reste 0; de 9 ôter 9, reste 0; et ainsi de suite. Ce qui donne pour *reste* 0,000125, ou 125 *millioniémes*.

EXEMPLE III.

106. *D. Si du nombre* 0,08509604 *on retranche* 0,0058, *quel sera le reste?*

R. Comme le nombre supérieur renferme *huit* chiffre décimaux, et que l'inférieur n'en contient que *quatre*, on peut ajouter *quatre* zéros à celui-ci pour le rendre égal à l'autre. Ensuite on dispose les nombres et on opère comme dans les exemples précédents.

Opération.

0,08509604
0,00580000
0,07929604

L'opération terminée, on obtient pour rsete 9 *unités* 07929604 *cent millioniémes*.

Exercices sur la soustraction des nombres décimaux.

I. Quel est la *différence* des deux nombres 788,475 et 181,625?

II. Quel est l'*excès* du nombre 7,5 sur 3,80076?

III. Si on retranchait 0,957643 du nombre 2, quel serait le *reste?*

IV. Quelle est la *différence* des nombres 10,9999 et 9,99999?

V. Quelle est encore *celle* des nombres 600 5999,99999?

VI. Quelle est enfin *celle* des deux nombres 0,0047867 et 0,003?

Problèmes sur la soustraction des nombres entiers et décimaux.

I. Un maquignon avait acheté un cheval 765 fr.; il l'a revendu quelques temps après 980 fr. : combien a-t-il gagné sur ce cheval?

Réponse. — 215 francs.

II. On a ôté 27 mètres 50 centimètres d'une pièce d'étoffe qui en contenait 50 m. 15 c.; combien reste-t-il de mètres dans la pièce?

Réponse. — 22 m. 65 c.

III. Un propriétaire avait acheté 63 hectares 45 ares de terre; il en a cédé 27 h. 75 a. : combien en a-t-il encore en sa possession?

IV. Un père et son fils ont ensemble 160 ans; le fils a 69 ans : quel est l'âge du père?

PROBLÈMES RELATIFS A L'ADDITION ET A LA SOUSTRACTION RÉUNIES.

I. Un banquier avait en caisse une somme de 59600 francs; mais il a fait divers paiements : d'une part il a donné 18675 fr.; d'une autre part, 9580 fr.; d'une troisième, 7500 fr.; et d'une quatrième part.; 4000 fr. Il désire connaître maintenant l'état de sa caisse?

Réponse. — D'abord, il faut qu'il réunisse en une seule toutes les sommes qu'il a données ou qu'il en fasse l'addition; ensuite qu'il retranche cette somme totale de celle qu'il y avait dans sa caisse; et le résultat de cette dernière opération exprimera ce qui doit rester dans la caisse.

Tableau des opérations.

18675	
9580	
7500	59600
4000	33755

Total des sommes données: 39755 fr. Reste: 19845 f.

Ainsi il reste en caisse 19845 *francs.*

II. Un mercier a vendu à une personne 7 mètres 08 centimètres d'une certaine étoffe; à une autre personne, 11 m. 365 millimètres de la même étoffe; à une troisième personne, 14 m. encore de la même étoffe; et à une quatrième personne, 17 m. 8 décimètres, toujours de la même étoffe. Ces quatre nombres de mètres ayant été levés sur une pièce d'étoffe qui en contenait 60 mètres, le mercier demande combien il doit rester encore de mètres sur la pièce.

Réponse. — 9 mètres 755 millim.

III. Une servante avait 36 francs 85 pour faire son marché : elle a dépensé 4 fr. 25 pour les légumes; 6 fr. 475 pour du beurre et des œufs; 2 fr. 75 de fruits; 12 francs de volaille; 3 fr. 975 de viande de boucherie; et 0 fr. 7 de gâteaux. Combien lui reste-il encre?

Réponse. — 6 francs 7 décimes.

IV. Un artiste a versé à la caisse d'épargnes, dans une même année, et à diverses fois : 530 fr., 700 fr., 345 fr., et 120 fr.; il en a retiré l'année suivante, aussi à diverses reprises : 140 fr., 285 fr.; 300 fr., et 600 fr. Combien l'artiste a-t-il encore à la caisse?

Réponse. — 370 francs.

Nota. Si les exercices et problèmes que nous avons donnés sur l'addition et la soustraction ne sont pas assez nombreux, le maître pourra en faire faire de semblables.

AUTRES PREUVES DE L'ADDITION.

107. I. *D.* Comment se fait cette preuve?

R. Pour faire cette autre *preuve*, qui est très-simple et en même temps bien concluante, *on ajoute de nouveau et de la même manière les nombres qu'on a déjà ajoutés, à l'exception du nombre supérieur qu'on sépare des autres en tirant un trait au-dessous. On obtient ainsi un second total, qui, retranché du premier, donne évidemment pour reste le nombre qu'on a séparé* : c'est ce qui constitue cette preuve.

Reprenons l'exemple du nº 95, qui est un des plus compliqués, et vérifions-le.

Opération.

	8 785,75
	2 656,98789
	408,055
	0,775
	89,5
	26,40896
	0,7635
Premier total :	11.968,24035
Deuxième total :	3 182,49035
Preuve :	8 785,75

Après avoir fait les deux opérations indiquées dans le raisonnement, on a trouvé pour premier total

11.968,24035 et pour second 3.182,49035; ensuite ayant retranché ce dernier total du premier, on obtient pour reste le nombre supérieur 8785,75 : donc l'opération est exacte.

108. II. *D.* Comment s'effectue cette autre preuve?

R. Elle consiste *à recommencer l'opération par la gauche, et à retrancher successivement chaque somme partielle qu'on obtient ainsi, de celle correspondante qu'on a obtenue dans la première opération, en ayant soin de convertir les restes partiels en dizaines de l'ordre suivant; de sorte que la soustraction de la dernière colonne ne doit donner aucun reste, si l'addition a été bien faite.*

Nous allons encore nous servir de l'exemple ci-dessus.

Opération.

	8785,75
	2656,98789
	408,055
	0,775
	89,5
	26,40896
	0,7635
Total :	11.968,24035
Preuve: :	1 254,33210

PREUVE DE LA SOUSTRACTION.

109. *D.* Comment se fait la preuve de la soustraction ?

R. La *preuve* de la soustraction se fait *en addition-*

nant le plus petit nombre avec le reste; et, il est évident que si l'opération a été bien faite, on doit reproduire le plus grand nombre: puisque ce reste n'est que l'excès du plus grand nombre sur le plus petit.

Ainsi, reprenons l'exemple du nº 104, et vérifions-le.

Opération.

	750048,25000
	80136,29075
Reste :	669.911,95925
Preuve :	750048,25000

D'abord, après avoir préparé, disposé et effectué l'opération, comme il est dit dans le nº 103, on a trouvé pour reste 669.911,95925. Ensuite, ayant ajouté ce reste avec le plus petit nombre 80.136,29075, on a reproduit le plus grand 750.048,25000 : donc l'opération est exacte.

DE LA MULTIPLICATION.

DÉFINITION.

110. *D.* Qu'est-ce-que la multiplication.

R. La *multiplication* est une opération par laquelle on répète un nombre appelé *multiplicande,* autant de fois qu'il y a d'unités dans un autre nombre appelé *multiplicateur ;* ou, plus généralement, multiplier un nombre par un autre, c'est composer un *troisième* nombre avec le *premier*, comme le *second* est composé avec l'*unité.*

D. Comment est nommé le résultat de la multiplication ?

R. Le résultat de la multiplication se nomme *produit*.

D. Quel nom portent encore le multiplicande et le multiplicateur?

R. Ils portent encore le nom de *facteurs du produit*.

111. *D*. Quand les nombres ne sont composés que d'un seul chiffre, comment les multiplie-t-on?

R. Tant que les nombres ne sont que d'un seul chiffre, on pourrait faire leur multiplication par autant d'additions successives du multiplicande que l'unité est comprise dans le multiplicateur. Ainsi, pour multiplier 9 par 8, il suffirait de dire : 9 et 9 font 18 et 9 font 27 et 9 font 36 et 9 font 45 et 9 font 54 et 9 font 63 et 9 font 72; comme 72 est le résultat de 8 nombres égaux à 9, il exprimera donc le produit de 9 par 8.

Mais, il est facile de concevoir que cette manière d'opérer est très-longue et très-ennuyeuse ; et *combien* elle le serait si le multiplicateur était composé de plusieurs chiffres. C'est donc pour obvier a cet inconvénient qu'a été inventée la *multiplication*, qui n'est, comme on vient de le voir, qu'une addition abrégée.

TABLE DE MULTIPLICATION.

2 fois 1 font 2			5 fois 1 font 5			8 fois 1 font 8		
2	2	4	5	2	10	8	2	16
2	3	6	5	3	15	8	3	24
2	4	8	5	4	20	8	4	32
2	5	10	5	5	25	8	5	40
2	6	12	5	6	30	8	6	48
2	7	14	5	7	35	8	7	56
2	8	16	5	8	40	8	8	64
2	9	18	5	9	45	8	9	72
3 fois 1 font 3			6 fois 1 font 6			9 fois 1 font 9		
3	2	6	6	2	12	9	2	18
3	3	9	6	3	18	9	3	27
3	4	12	6	4	24	9	4	36
3	5	15	6	5	30	9	5	45
3	6	18	6	6	36	9	6	54
3	7	21	6	7	42	9	7	63
3	8	24	6	8	48	9	8	72
3	9	27	6	9	54	9	9	81
4 fois 1 font 4			7 fois 1 font 7			10 fois 1 font 10		
4	2	8	7	2	14	10	2	20
4	3	12	7	3	21	10	3	30
4	4	16	7	4	28	10	4	40
4	5	20	7	5	35	10	5	50
4	6	24	7	6	42	10	6	60
4	7	28	7	7	49	10	7	70
4	8	32	7	8	56	10	8	80
4	9	36	7	9	63	10	9	90

RÈGLE.

112. *D.* Comment fait-on la multiplication des nombres entiers, en général?

R. Pour effectuer la multiplication de deux nombres entiers quelconques, on écrit d'abord le multiplicateur sous le multiplicande, de manière que les unités de même ordre se correspondent, et on tire un trait dessous.

On multiplie ensuite successivement tous les chiffres du multiplicande, à partir de la droite, par le chiffre des unités du multiplicateur, et on écrit au-dessous le résultat qui forme le premier produit partiel, ou le VÉRITABLE PRODUIT, *si le multiplicateur n'est que d'un seul chiffre.*

On multiplie de la même manière tous les chiffres du multiplicande successivement par le chiffre des dizaines, par celui des centaines, par celui des mille, etc., *considérés comme des unités simples, en ayant soin d'écrire les produits partiels les uns au-dessous des autres, de manière que chacun soit avancé d'un rang vers la gauche par rapport à celui qui le précède ; c'est-à-dire de manière que les unités de même ordre soient toujours dans une même colonne verticale.*

Enfin, additionnant tous ces produits partiels, on obtient le PRODUIT TOTAL DEMANDÉ.

EXEMPLE I.

113. *D. Quel est le produit du nombre* 987.654 *par* 8?

R. On écrit d'abord le multiplicateur sous le multiplicande, et on dit : 8 fois 4 ou 4 fois 8 font 32 ; en 32, on pose 2 et l'on retient 3. Puis : 8 fois 5 font 40 et 3 de retenue font 43 ; en 43, on pose 3 et l'on retient 4. Continuant : 8 fois 6 font 48 et 4 de retenue font 52 ; en 52, on pose 2 et l'on retient 5.

Opération.

```
  987654
       8
--------
7.901.232
```

Ensuite : 8 fois 7 font 56 et 5 de retenue font 61 ; en 61, on pose 1 et l'on retient 6. Puis : 8 fois 8 font 64 et 6 de retenue font 70 ; en 70, on pose 0 et l'on retient 7. Enfin : 8 fois 9 font 72 et 7 de retenue font 79 ; en 79, on pose 9 et l'on avance 7.

Donc, 7.901.232 est le produit de 987.654 par 8.

EXEMPLE II.

114. *D. Comment obtiendrait-t-on le produit de 48.689 par 4.657?*

R. Pour obtenir le produit de ces deux nombres, on dispose d'abord le multiplicateur sous le multiplicande, de manière que les unités de même ordre se correspondent, et on tire un trait ; ensuite on commence l'opération par la droite, en disant : 7 fois 9 font 63 ; en 63, on pose 3 et l'on retient 6. Puis : 7 fois 8 font 56 et 6 de retenue font 62 ; en 62, on pose 2 et l'on retient 6. Continuant : 7 fois 6 font 42 et 6 de rete-

Opération.

```
      48689   multiplicande.
       4657   multiplicateur
    -------
     340 823  1er produit par
    2 434 45  2e idem.
   29 213 4   3e idem.
  194 756     4e idem.
-----------
226.744.673   produit total.
```

nue font 48; en 48, on pose 8 et l'on retient 4. Ensuite : 7 fois 8 font 56 et 4 de retenue font 60; en 60, on pose 0 et l'on retient 6. Enfin : 7 fois 4 font 28 et 6 de retenue font 34; en 34, on pose 4 et l'on avance 3. Ce qui donne pour premier produit partiel 340823.

Puis, passant au chiffre 5 des dizaines du multiplicateur, on dit également : 5 fois 9 font 45, en 45, on pose 5 et l'on retient 4; 5 fois 8 font 40 et 4 de retenue font 44, on pose 4 et l'on retient 4; 5 fois 6 font 30 et 4 font 34, on pose 4 et l'on retient 3; 5 fois 8 font 40 et 3 font 43, on pose 3 et l'on retient 4; enfin 5 fois 4 font 20 et 4 font 24 que l'on écrit. Ce qui donne 243445 pour second produit partiel.

Ensuite, multipliant par le chiffre 6 du multiplicateur, on dit : 6 fois 9 font 54, on pose 4 et l'on retient 5; 6 fois 8 font 48 et 5 font 53, on pose 3 et l'on retient 5; 6 fois 6 font 36 et 5 font 41, on pose 1 et l'on retient 4; 6 fois 8 font 48 et 4 font 52, on pose 2 et l'on retient 5; 6 fois 4 font 24 et 5 font 29, on pose 9 et l'on avance 2. Ce qui donne pour troisième produit partiel 292134.

Enfin, passant au dernier chiffre du multiplicateur, on dit : 4 fois 9 font 36, on pose 6 et l'on retient 3; 4 fois 8 font 32 et 3 font 35, on pose 5 et l'on retient 3; 4 fois 6 font 24 et 3 font 27, on pose 7 et l'on retient 2; 4 fois 8 font 32 et 2 font 34, on pose 4 et l'on retient 3; 4 fois 4 font 16 et 3 font 19, on pose 9 et l'on avance 2. Ce qui donne 194756 pour quatrième et dernier produit partiel.

Effectuant maintenant l'addition de ces quatre produits partiels dans l'ordre où ils sont écrits, on obtient pour *produit total* 226.744.673.

(*Pour démonstration de ce procédé, voyez mon Traité complet d'Arithmétique.*)

PREUVE DE LA MULTIPLICATION.

115. *D.* Comment fait-on la *preuve* de la multiplication ?

R. La multiplication se vérifie de plusieurs manières : mais la plus simple et la plus facile est d'intervertir l'ordre des facteurs, c'est-à-dire de prendre le multiplicande pour le multiplicateur, et réciproquement. Il est certain que cette nouvelle opération doit donner des produits partiels différents de la première ; toutefois, si l'addition de ces nouveaux produits conduit au même *produit total* que celui précédemment trouvé, on peut en conclure que la multiplication avait été primitivement bien faite.

Ainsi, reprenons l'exemple précédent, et vérifions-en le résultat.

Opération.

```
        4657
       48689
     -------
      41 913
     372 56
   2 794 2
  37 256
 186 28
 -----------
 226.744.673
```

Preuve : 226.744.673

Le produit de 4657 par 48689 étant identiquement

le même que celui de 48689 par 4657, on en conclut que le nombre 226.744.673 est exactement le produit des deux nombres proposés.

116. PREUVE PAR 9. *D.* Comment s'effectue la preuve par 9 de la multiplication?

R. La *preuve* par 9 de la multiplication consiste *à ajouter entre eux, en commençant par la gauche ou par la droite, successivement tous les chiffres du multiplicande et ceux du multiplicateur, en ayant soin de retrancher, au fur et à mesure, tous les 9 que chacune de ces deux sommes renferme; on obtient ainsi deux restes que l'on écrit au-dessous l'un de l'autre et en face des nombres d'où ils viennent, en les séparant par un trait.*

On multiplie ensuite ces deux restes l'un par l'autre, et on ôte également du produit, autant de fois que possible, le nombre 9; ce qui donne un troisième reste que l'on écrit à droite du premier en les séparant aussi par un trait.

Enfin, on opère sur les chiffres du produit comme on a opéré sur ceux des deux facteurs; et, après avoir retranché tous les 9 qui s'y trouvent, *si le reste est semblable au précédent ou au troisième,* l'opération est *dite* exacte. (Ce reste s'écrit à la droite du deuxième, et en est séparé par un trait.)

D. Que résulte-t-il de là?

R. Il résulte de là que si l'un des deux facteurs, ou le produit de leurs restes, donnait un nombre exact de 9, le produit total le donnerait également.

Nous reprendrons encore le même exemple.

Opération.	*Preuve.*
48689	1er *reste* 8 | 5 *troisième reste.*
4657	2e *reste* 4 | 5 4e *reste ou preuve*
340 823	
2 434 45	
29 213 4	
194 756	
226.744.673	*est le produit.*

Voici comment on procède : 4 et 8 font 12 ; de 12 ôter 9, reste 3 ; 3 et 6 font 9 ; de 9 ôter 9, reste 0 ; 0 et 8 font 8 et 9 font 17 ; de 17 ôter 9, reste 8 que l'on écrit à la droite du multiplicande.

Ensuite, on dit : 4 et 6 font 10 ; de 10 ôter 9, reste 1 ; 1 et 5 font 6 et 7 font 13 ; de 13 ôter 9, reste 4 que l'on place sous le reste précédent en les séparant par un trait.

Multipliant maintenant ces deux restes l'un par l'autre, on obtient 32, produit qui contient 3 fois 9 plus le reste 5 que l'on écrit à la droite du premier en les séparant.

Enfin, passant au produit total, on dit : 2 et 2 font 4 et 6 font 10 ; de 10 ôter 9, reste 1 ; 1 et 7 font 8 et 4 font 12 ; de 12 ôter 9, reste 3 ; 3 et 4 font 7 et 6 font 13 ; de 13 ôter 9, reste 4 ; 4 et 7 font 11 et 3 font 14 ; de 14 ôter 9, reste 5 que l'on écrit sous le précédent, ou à droite du deuxième reste dont on le sépare. Comme ce quatrième reste est égal au troisième, l'opération est exacte.

117. *D.* Quels cas particuliers présente la multiplication des nombres entiers.

R. La multiplication présente deux cas principaux que nous allons exposer successivement.

118. Premier cas. Qu'arrive-t-il dans ce cas?

R. Dans le premier cas, il peut arriver qu'il se trouve un ou plusieurs zéros compris parmi les chiffres significatifs, soit du multiplicande, soit du multiplicateur, ou dans les deux facteurs à la fois.

119. 1° *D.* Si le multiplicande seul renferme un ou plusieurs zéros parmi ses chiffres significatifs, comment opère-t-on.

R. On opère de cette manière : *Au produit du premier zéro, on écrit seulement la retenue provenant de la multiplication précédente, s'il y a lieu; mais, si on n'a point obtenu de retenue précédemment, alors on pose un* 0 *pour conserver au chiffre suivant le rang qu'il doit occuper.* Il en est de même pour le *deuxième*, le *troisième*,... zéro, lorsqu'il s'en trouve plusieurs de suite.

EXEMPLE.

		Preuve.
Multiplier	7001604	0 | 0
par	586	1 | 0
	42 009 624	
	560 128 32	
	3 500 802 0	
	4.102.939.944	

Nota. La *preuve* de cette opération est en même temps remarquable, en ce qu'elle confirme la conséquence du procédé par 9.

120. 2° *D.* Si c'est le multiplicateur qui contient

un ou plusieurs zéros parmi les chiffres significatifs, comment fait-on l'opération?

R. On opère ainsi qu'il suit : *on fait la multiplication seulement par les chiffres significatifs du multiplicateur; mais il faut avoir soin de placer chaque produit partiel sous le précédent, de manière que le premier chiffre de droite corresponde avec celui par lequel on multiplie :* c'est ce qu'on appelle aussi *avancer chaque produit partiel d'autant de rangs* PLUS UN *vers la gauche qu'il y a de zéros intermédiaires.*

EXEMPLE.

		Preuve.
Multiplier	1847827	1 | 2
par	300206	2 | 2
	11 086 962	
	369 565 4	
	554 348 1	
	554.728.752.362	

121. 3° *D.* Enfin, si le multiplicande et le multiplicateur renferment tous deux des zéros intermédiaires, comment opère-t-on?

R. Il est facile de concevoir qu'il faut opérer à la fois comme dans les deux cas précédents.

EXEMPLE.

		Preuve.
Multiplier	3070025	8 | 7
par	300908	2 | 7
	24 560 200	
	2 763 022 5	
	921 007 5	
	923.795.082.700	

122. SECOND CAS. *D.* Qu'arrive-t-il dans le second cas ?

R. Il peut arriver aussi que l'un des deux facteurs, ou tous les deux, soient terminés par des zéros.

123. *D.* Comment opère-t-on lorsque l'un des facteurs, ou tous les deux, sont terminés par des zéros?

R. On opère comme si ces zéros n'y étaient pas, c'est-à-dire seulement par les chiffres significatifs ; mais, il faut avoir soin de placer à la suite du produit, autant de zéros qu'il y en a dans un facteur ou dans tous les deux.

EXEMPLE.

		Preuve.
Multiplier	640700	8 | 8
par	208000	1 | 8
	5 125 6	
	128 14	
	133.265.600.000	

Comme il y avait deux zéros à la droite du multiplicande et trois à celle du multiplicateur, ce qui fait *cinq* en tout, on ajouté *cinq* zéros à la droite du produit. (*Voyez mon Traité d'Arithmétique,*)

Exercices sur la multiplication des nombres entiers.

I. *D.* Quel est le *produit* des deux nombres 2.458 et 39 ?

Nota. Nous ferons observer que quand il s'agit d'effectuer une multiplication quelconque, si les deux facteurs sont égaux en chiffres, on peut prendre pour multiplicande ou pour multiplicateur le nombre que l'on veut; parce qu'on a toujours le même nombre de produits partiels à effectuer, et l'opération n'est pas plus longue dans un cas que dans l'autre. Mais, si l'un des deux facteurs avait plus de chiffres significatifs que l'autre (ce qui arrive très-souvent), alors, pour avoir moins de produits partiels à faire, et pour abréger, par conséquent, l'opération, on prendrait le plus fort nombre pour multiplicande. Nous mettons la restriction que la grandeur d'un nombre ne consiste que dans ses chiffres significatifs (quant à l'opération), parce qu'en effet, ce sont eux qui rendent l'opération plus longue.

II. *D*. Quel est le *produit* de 647.859 par 6.789?

III. *D*. Quel est *celui* des deux nombres 300.607 et 7009?

IV. *D*. Quel est *celui* de 4.000.705 par 38.000?

V. *D*. Quel est encore *celui* des deux nombres 30.700.008 et 45.678?

VI. *D*. Si on multipliait 908.007.605 par 407.300, quel serait le *produit*?

VII. *D*. Quel est enfin le *produit* de 408.000 par 609.000?

NOMBRES DÉCIMAUX.

RÈGLE.

124. *D*. Comment s'effectue la multiplication des nombres décimaux?

R. En vertu de l'analogie de l'ordre des décimales avec celui des entiers, *la multiplication des nombres décimaux s'effectue de la même manière que celle des nombres entiers; seulement qu'on opère sans faire attention à la virgule, c'est-à-dire en considérant les nombres comme entiers, et que, l'opération terminée, on sépare sur la droite du produit total, autant de chiffres décimaux qu'il y en a dans les deux facteurs.*

Si, par exemple, l'*un des facteurs renfermait seul des décimales, alors on ne séparerait au produit qu'autant de décimales qu'il y en aurait dans ce facteur.*

EXEMPLE I.

125. *D. Quel est d'abord le produit de* 348,625 *par* 75?

R. Après avoir effectué l'opération d'après le procédé connu de la multiplication, on sépare *trois* chiffres décimaux sur la droite du produit, parce que le multiplicande en renferme trois.

Opération.	*Preuve.*
348,625	1 | 3
75	3 | 3
1 743 125	
24 403 75	
26.146,875	

EXEMPLE II.

126. *D. Quel est ensuite le produit des deux nombres* 4.106,05 *et* 27,478?

R. Dans cet exemple, l'opération effectuée, on sépare *cinq* chiffres décimaux sur la droite du produit total, parce qu'il y a cinq chiffres décimaux en les deux facteurs.

Opération.	*Preuve.*
27,478	1 | 6
4006,05	6 | 6
1 37390	
164 868	
109 912	
110.078,24190	

Nota. Ici, nous avons pris le plus fort nombre pour multiplicateur, parce qu'il contient moins de chiffres significatifs que l'autre, et que par conséquent nous avons eu moins de produits partiels à effectuer.

EXEMPE III.

127. *D. Quel est encore le produit de* 7,0685 *par* 0,026 ?

R. Dans cet exemple, comme il y a *sept* chiffres décimaux en les deux facteurs, et qu'il faut par conséquent en retrancher *sept* au produit, lequel ne contient que *sept* chiffres, on est donc obligé de placer un 0 à la gauche de ces chiffres pour tenir lieu des entiers qui manquent, et pour donner ainsi aux chiffres obtenus la valeur qu'ils doivent avoir.

Opération.

```
    7,0685
     0,026
  --------
    424110
   141370
 ---------
 0,1837810
```

Preuve.

```
8 | 1
-----
8 | 1
```

EXEMPLE IV.

128. *D. Quel est enfin le produit de* 0,00264 *par* 0,0017 ?

R. Ce dernier exemple mérite qu'on y fasse attention : ayant disposé les nombres et fait l'opération comme à l'ordinaire, on obtient pour produit 4488 ; mais, comme le multiplicande et le multiplicateur renferment ensemble *neuf* chiffres dé-

Opération.

```
     0,00264
      0,0017
 -----------
        1848
        264
 -----------
 0,000004488
```

Preuve.

```
3 | 6
-----
8 | 6
```

cimaux, il en faut par conséquent *neuf* au produit, qui cependant ne contient que quatre chiffres.

Pour obvier à cet inconvénient, on observe que, le produit devant exprimer des *billionièmes*, ou des unités du *neuvième* ordre décimal, il faut donc écrire à la gauche de 4488 un nombre suffisant de zéros, pour qu'en plaçant la virgule, le dernier chiffre 8 occupe le *neuvième* rang décimal. Dans cet exemple, il faut en écrire *six*, en comprenant celui qui doit tenir la place des entiers, et l'on obtient 0,000004488 pour le produit demandé.

Exercices sur la multiplication des nombres décimaux.

I. *D.* Quel est le *produit* des deux nombres 80,708 et 27,87?

II. *D.* Quel est le *produit* de 409,775 par 76?

III. *D.* Quel est *celui* de 27.068 par 9,6125?

IV. *D.* Quel est encore *celui* de 87.056,0076 par 765,275?

V. *D.* Si on multipliait 9,00706 par 0,0125, quel serait le *produit*?

VI. *D.* Multipliant 0,010257 par 0,00906, quel est le *produit*?

VII. *D.* Quel est enfin le *produit* de 70.004,3008 369,65?

Problèmes sur la multiplication des nombres entiers et décimaux.

I. Le mètre d'un certain drap coûte 27 fr.; combien coûteront 36 mètres du même drap.

Réponse 972 francs.

II. Le stère d'un certain bois se vend 219 fr. 75 c.; on demande combien se vendront 467 stères du même bois?

Réponse 102623 fr. 25 c.

III. Une personne est âgée de 78 ans, combien a-t-elle de jours (on suppose l'année de 365 jours)?

IV. La rame de papier contient 20 mains; la main se compose de 25 feuilles: combien y a-t-il de feuilles dans la rame?

V. Pour paver une cour, on a employé 7472 pavés, dont chacun coûtait 0 fr. 275; on demande combien a coûté le pavage entier de la cour?

PROBLÊMES COMPOSÉS.

VI. Un ouvrage se compose de 28 volumes; chaque volume contient 48 feuilles; chaque feuille renferme 8 pages; dans chaque page il y a 34 lignes, et la ligne est de 55 lettres : on demande combien l'ouvrage renferme de feuilles, de pages, de lignes et de lettres?

VII. Une personne qui est morte à l'âge de 98 ans, combien avait-elle de jours, d'heures, de minutes et de secondes (l'année est toujours supposée de 365 jours)?

VIII. 245 ouvriers gagnant par jour chacun 2 fr. 25, ont travaillé pendant 36 jours sans recevoir d'argent : quelle somme totale leur est-il dû?

(Pour des problêmes plus composés, voyez mon Arithmétique).

DE LA DIVISION.

DÉFINITION.

129. *D.* Qu'est-ce que la division?

R. La *division* est une opération qui a pour but de partager un nombre donné nommé *dividende*, en autant de parties égales qu'il y a d'unités dans un autre nombre aussi donné, appelé *diviseur*; ou bien, plus généralement, diviser un nombre par un autre, c'est déterminer un troisième nombre qui, multiplié par le second, donne pour produit le premier nombre.

D. Quel nom porte le résultat de la division?

R. Le *résultat* de la division porte le nom de *quotient.*

130. *D.* Quelle conséquence peut-on tirer de la définition de la division?

R. De la définition de la division, on conclut 1° que le quotient doit exprimer des unités de même nature que le dividende; 2° et que pour faire la *preuve* de la division, quand on aura obtenu le quotient, il suffira de multiplier le diviseur par ce quotient, ou réciproquement, si l'opération est exacte, on reproduira le dividende.

131. *D.* Quelle remarque offre cette dernière conséquence?

R. Elle fournit un nouveau moyen de vérifier la multiplication : car, en effet, si, dans la multiplication, on considère le produit comme un *dividende*, le multiplicande ou le multiplicateur comme le *diviseur* ou le *quotient*, on pourra faire la preuve de la multiplication en divisant le produit par l'un des facteurs, et si l'opération est exacte, on devra reproduire l'autre facteur.

132. De même que la multiplication peut s'effectuer par l'*addition* d'autant de nombres égaux au multiplicande qu'il y a d'unités dans le multiplicateur, de même aussi on pourrait trouver le quotient d'une division par autant de *soustractions* que le diviseur est contenu dans le dividende.

Ainsi, pour diviser 48 par 6, il suffirait de retrancher 8 autant de fois que possible de 48; le nombre de soustractions qu'on pourrait faire alors avant que le dividende soit épuisé, exprimerait le quotient cherché.

Or, comme il faut faire 8 soustractions successives, il s'ensuit que le *quotient* est 8.

Mais on comprend facilement combien cette manière de faire la division serait longue et ennuyeuse, surtout lorsque le dividende serait très-grand par rapport au diviseur. C'est pour obvier à cet inconvénient qu'a été inventée la *division*, qui peut être regardée, pour cette raison, comme l'abrégé d'une série de soustraction.

NOMBRES ENTIERS.

RÈGLE.

133. *D.* Comment fait-on la division des nombres entiers?

R. Pour diviser deux nombres entiers l'un par l'autre, on écrit d'abord le diviseur à la droite du dividende en les séparant par un trait vertical, et on tire un trait horizontal sous le diviseur, pour placer le quotient.

L'opération ainsi disposée, on prend à la gauche du dividende autant de chiffres qu'il en faut pour contenir le diviseur; l'ensemble de ces chiffres forme le PREMIER DIVIDENDE PARTIEL, *dont le dernier chiffre à droite exprime des unités les plus élevées du quotient. On cherche alors combien de fois ce premier dividende partiel contient le diviseur; on obtient ainsi le premier chiffre du quotient, que l'on écrit au-dessous du diviseur; on multiplie ensuite le diviseur par ce chifire, et on en retranche le produit du premier dividende partiel.*

A la droite du reste de la soustraction, on abaisse le chiffre suivant du dividende, ce qui donne le SECOND DIVIDENDE PARTIEL; *on cherche, comme précédemment, combien ce second dividende partiel contient le diviseur; le second chiffre du quotient ainsi obtenu, on l'écrit à la droite du premier; on multiplie ensuite le diviseur par ce chiffre, et on en soustrait le produit du second dividende partiel.*

Enfin, *on continue cette série d'opérations jusqu'à ce qu'on ait abaissé tous les chiffres du dividende, en observant, à chaque opération partielle, d'écrire le quotient qu'on obtient, à la droite des précédents, afin de donner à ceux-ci leur véritable valeur.*

Et, si après toutes ces opérations il ne reste *rien*, la division est dite *exacte;* mais, si l'on obtient *un reste,* on l'ajoute dans la preuve au produit du diviseur par le quotient trouvé.

EXEMPLE I.

134. *D. Quel est le quotient de la division du nombre 454.312 par 8?*

Opération.

R. On écrit d'adord le diviseur à la droite du dividende, en les séparant par un trait, et on tire sous le diviseur un autre trait, sous lequel se doit placer le quotient.

	dividende.	
	454312	8 *diviseur.*
	40	56789 *quotient*
1er *reste*	54	8
	48	*preuve* 454312
2e *reste*	63	
	56	
3e *reste*	71	
	64	
4e *reste*	72	
	72	
dernier reste	0	

L'opération ainsi disposée, la première difficulté qui se présente est de connaître la nature des plus hautes unités du quotient, c'est-à-dire de déterminer dans quelle partie du dividende doit se trouver le premier chiffre du quotient. Or, si le premier chiffre à gauche du dividende était plus fort que le diviseur ou lui était seulement égal, il est évident que le premier chiffre du quotient exprimerait des *centaines de mille;* mais, comme il n'en est pas ainsi dans cet exemple, que le chiffre 4 est plus faible que 8, on conclut que les plus fortes unites du quotient ne peuvent être que de la nature du second chiffre du dividende, c'est-à-dire des *dizaines de mille.*

Alors on procède à l'opération en prenant les deux premiers chiffres à gauche du dividende formant le *premier dividende partiel* 45 *dizaines de mille*, et l'on dit : en 45 combien de fois 8? il y est cinq fois; ainsi le quotient total renferme 5 *dizaines de mille*. On écrit ce chiffre sous le diviseur ; on les multiplie ensuite l'un par l'autre, et l'on en retranche le produit 40 du premier dividende partiel 45 : ce qui donne pour *reste* 5 dizaines de mille.

A la droite du reste 5, on abaisse le chiffre suivant 4 des mille du dividende, ce qui forme 54 mille et le *second dividende partiel;* ainsi, on dit : en 54 combien de fois 8? il est 6 fois. On écrit ce chiffre à la droite du chiffre trouvé 5; ensuite on les multiplie, et l'on en retranche le produit 48 du deuxième dividende partiel 54 : ce qui donne pour *reste* 6 mille.

On abaisse à côté du nouveau reste 6 le chiffre suivant 3 des centaines du dividende, ce qui forme 63 centaines et le *troisième dividende partiel;* alors on dit : en 63 combien de fois 8? il est 7 fois. On écrit ce chiffre à la droite des deux précédents pour exprimer les centaines du quotient; on multiplie ensuite 8 par 7, et l'on retranche le produit 56 du troisième dividende partiel 63 : ce qui donne pour *reste* 7 centaines.

A côté du reste 7, on abaisse le chiffre suivant 1 des dizaines du dividende, ce qui forme 71 dizaines et le *quatrième dividende partiel;* et l'on dit : en 71 combien de fois 8? il y est 8 fois, que l'on écrit à la droite des trois précédents; ensuite on multiplie le diviseur par ce chiffre, et l'on retranche le produit 64 de 71 : ce qui donne pour *reste* 7 dizaines.

Enfin, à côté du chiffre 7, on abaisse le dernier chiffre 2 du dividende, ce qui forme 72 unités simples et le *dernier dividende partiel*; ainsi, on dit : en 72 combien de fois 8? il y est 9 fois juste. On écrit ce chiffre à la droite des précédents pour exprimer les unités du quotient; on multiplie ensuite 8 par 9, et l'on en retranche le produit 72 du dernier dividende partiel 72 : ce qui donne pour *reste* 0.

Donc, 56789 est le *quotient demandé;* ce qui est vérifié, comme nous l'avons dit (n° 130), en multipliant le diviseur par le quotient, ou réciproquement.

135. *D*. N'existe-t-il pas un autre moyen d'effectuer la division, lorsque le diviseur est d'un seul chiffre?

R. Le nouveau moyen qui existe, quoique moins suivi que le premier, a cependant l'avantage d'être plus simple et d'abréger l'opération. Voici en quoi il consiste :

Opération.

	454312	8
quotient	56789	
	8	
Preuve	454312	

On dispose d'abord le diviseur et le dividende comme précédemment, à l'exception qu'on souligne celui-ci pour placer le quotient dessous; ensuite on opère en disant : le 8e de 45 est 5 que l'on écrit au-dessous de 45, et il reste 5 que l'on réunit par la pensée en dizaines de l'ordre du chiffre suivant 4, ce qui donne 54; puis, le 8e de 54 est 6 que l'on place à la droite du 5, et il reste 6, qui, joint au chiffre suivant 3, forme 63; on continue de même, le 8e de 63 est 7 que l'on écrit à droite des deux précédents, et il reste 7 que l'on réunit au chiffre suivant 1, ce qui donne 71; le 8e de 71 est 8 que l'on place à la droite des trois autres, et il reste 7, qui, joint au dernier chiffre 2, forme 72; enfin, le

8e de 72 est 9 tout juste que l'on écrit à droite des quatre chiffres précédents.

Donc le quotient cherché est 56.789, le même que dans l'exemple précédent (*Voyez mon Traité d'Arithmétique pour les cas où le quotient renferme des zéros intermédiaires.*)

EXEMPLE II.

136. *D. Comment obtiendrait-on le quotient de la division du nombre* 265.356 *par* 468?

R. Après avoir disposé les nombres comme dans l'exemple précédent, on procède à l'opération, en disant : si les *trois* premiers chiffres à gauche du dividende contenaient les trois chifres du diviseur, il est d'abord évident que le quotient cherché exprimerait des *unités de mille;* mais, comme cela n'a pas lieu non plus dans cet exemple, qu'il faut prendre *quatre* chiffres du dividende pour contenir le diviseur, ou pour former le *premier dividende partiel,* le quotient ne doit renfermer que des unités de l'ordre du *troisième* chiffre, c'est-à-dire des *centaines.* Ainsi, en cherchant combien de fois 2653 contient 468, on obtiendra le chiffre des centaines du quotient.

On pourrait d'abord obtenir le premier chiffre du quotient en soustrayant successivement et autant de fois que possible 468 de 2658. Mais, il est un moyen de simplifier beaucoup cette recherche, c'est de ne considérer que les deux premiers chiffres 26 à gauche du dividende 2656, parce que 26 est *à quelques unités près provenant des retenues,* le résultat de la multiplication du chiffre 4 par le chiffre cherché.

Opération.

Dividende.	*Diviseur.*
2653-56	468
2340	567 *quotient.*
3135	3276
2808	2808
3276	2340
3276	*Preuve :* 265356
Reste : 0	

Ainsi, on dira : en 26 combien de fois 4? il y est 6 fois; mais 6 est un chiffre trop fort : car, dans multiplication du diviseur 468 par ce chiffre, le produit seulement de 6 par 6, qui est 36 dizaines, donne 3 *centaines* à reporter sur le produit de 6 par 4 ou 24. Or, en essayant 5 et multipliant 468 par ce chiffre, comme le produit 2340, qui en résulte, est évidemment moindre que le premier devidende partiel 2653, on conclut que 5 est le véritable chiffre des centaines du quotient. Alors, soustrayant 2340 de 2653, on obtient pour *reste* 313 centaines.

A la droite du reste 313, on abaisse le chiffre suivant 5 des dizaines du dividende, ce qui forme 3135 dizaines et le *second dividende partiel*. Ainsi, on dit : en 3135 combien de fois 468? ou plutôt, d'après l'observation précédente, en 31 combien de fois 4? il y est 7 fois; mais dans la multiplication du diviseur 468 par 7, le produit du deuxième chiffre 6 par 7 qui est 42, donne 4 à reporter sur le produit de 4 par 7 ou 28 : donc le chiffre 7 est trop fort. Or, essayant

6, et multipliant le diviseur par ce chiffre, le produit 2808 qu'on obtient ainsi, est évidemment plus petit que 3135; donc 6 est le chiffre des dizaines du quotient. Alors, retranchant 2808 de 3135, il vient pour *reste* 327 dizaines.

Enfin, abaissant à côté du reste 327, le dernier chiffre 6 du dividende, ce qui forme 3276 et le *dernier dividende partiel*. Alors, on dit : en 3276 combien de fois 468, ou plutôt en 32 combien de fois 4? il y est 8 fois; mais 8 est trop fort comme il est facile de le voir. On essaie donc 7; et, multipliant le diviseur par ce chiffre, on obtient pour produit 3276, nombre égal au dividende partiel 3276, et duquel on le soustrait, ce qui donne pour *reste* 0.

Donc le *quotient cherché* est 567; ce qu'on vérifie en multipliant le diviseur par le quotient, ou réciproquement.

157. *D.* N'existe-il pas encore un moyen abrégé d'effectuer la division, lorsque le dividende et le diviseur sont composés de plusieurs chiffres?

R. Le procédé dont il s'agit abrége considérablement l'opération, en ce qu'il consiste à effectuer les multiplications et les soustractions tout à la fois.

Reprenons le même exemple : On dispose d'abord les nombres comme dessus; ensuite

1re *div. part.*	2653-56	468
2e *idem.*	3135	567
2e *idem.*	3276	
Reste :	000	

on procède à l'opération en disant : en 26 combien de fois 4? nous savons qu'il y est 5 fois; donc 5 étant le véritable chiffre des centaines du quotient, on le place sous le diviseur.

Cela posé, au lieu de multiplier 468 par 5, et d'écrire le produit sous 2653 pour l'en retrancher, on opère ainsi qu'il suit : 5 fois 8 font 40; puis on vient au dernier chiffre 3 à droite de 2653, et l'on dit : 40 de 3, cela ne se peut : alors on suppose le chiffre 3 augmenté de 4 dizaines, ce qui donne 43; ainsi, 40 de 43, il reste 3 que l'on écrit sous le chiffre 3, (après avoir souligné le premier dividende partiel 2653).

On observe maintenant que les 4 dizaines ajoutées sont censées avoir été prises sur le chiffre 5 d'à côté, qui ne vaut plus, pour cette raison, que 1. Mais, au lieu de diminuer le chiffre 5 de 4 unités, il revient évidemment au même, et cela est plus facile, de les retenir pour les joindre dans la multiplication suivante.

On dit donc ensuite : 5 fois 6 font 30 et 4 de retenue font 34; 34 de 5, cela ne se peut; mais, empruntant comme précédemment, 3 sur le chiffre 6, on obtient 35; alors on dit : 34 de 35, il reste 1 que l'on place sous le chiffre 5, et l'on retient 3.

Enfin, on dit : 5 fois 4 font 20 et 3 de retenue font 23; 23 de 26, il reste 3 que l'on écrit sous le 6.

Le reste de cette opération partielle est donc 313, à côté duquel on abaisse le chiffre suivant 5 du dividende, ce qui donne le *second dividende partiel* 3135, sur lequel on opère de la même manière.

Ainsi, en 31 combien de fois 4? il y est 6 fois (comme nous le savons). Alors on dit : 6 fois 8 font 48; et venant au chiffre 5, 48 de 5, cela ne se peut; mais (supposant le chiffre 5 augmenté de 5 dizaines, ce qui donne 55), 48 de 55, il reste 7 que l'on écrit sous le 5, et l'on retient 5.

Ensuite, 6 fois 6 font 36 et 5 de retenue 41; 41 de 3, cela ne se peut; mais 41 de 45, il reste 2 que l'on place sous le 3, et l'on retient 4.

Enfin, 6 fois 4 font 24 et 4 de retenue font 28; 28 de 31, il reste 3 que l'on écrit sous le 1.

Le reste de cette nouvelle opération étant 327, on abaisse à côté le dernier chiffre 6 du dividende, ce qui donne le *troisième et dernier dividende partiel* 3276, sur lequel on opère comme dessus.

Ainsi, en 32 combien de fois 4? il y est 7 fois. Alors on dit : 7 fois 8 font 56; 56 de 6, ou de 56, il reste 0 que l'on écrit, et l'on retient 5.

Ensuite, 7 fois 6 font 42 et 5 de retenue font 47; 47 de 47, il reste 0, et l'on retient 4.

Enfin, 7 fois 4 font 28 et 4 de retenue font 32; 32 de 32, il reste 0.

PREUVE PAR 9 DE LA DIVISION.

138. *D*. Comment s'effectue la preuve par 9 de la division?

R. La preuve par 9 de la division présente deux cas : 1° ou la division se fait exactement c'est-à-dire *sans reste*, 2° ou elle en donne *un*.

Premier cas. Lorsque la division se fait exactement, le dividende peut être considéré comme le produit du diviseur par le quotient obtenu, alors on applique le procédé qu'on a suivi dans la multiplication, c'est-à-dire, qu'on regarde le diviseur et le quotient comme les deux facteurs d'une multiplication dont le produit est le dividende.

Deuxième cas. Si la division donne un reste, (ce

qui arrive communément), on commence par retrancher ce reste, du dividendé total; le résultat de cette soustraction est nécessairement le *produit* exact du *diviseur* par le *quotient;* et alors on opère sur ces trois nombres comme il est dit dans le premier cas.

Nous allons encore nous servir de l'exemple précédent.

Opération.	*Preuve.*		
2653-56	468	0	0
3135	567	0	0
3276			
000			

La division étant effectuée, on dit, en commençant par le diviseur : 4 et 6 font 10 : de 10 ôter 9, reste 1 ; puis 1 et 8 font 9; de 9 ôter 9, reste 0 que l'on écrit en face du diviseur. Ensuite, passant au quotient, on dit également : 5 et 6 font 11 ; de 11 ôter 9, reste 2; puis 2 et 7 font 9; de 9 ôter 9, reste 0 que l'on place sur la ligne du quotient.

Maintenant, si ces deux opérations donnaient chacune *un reste*, il faudrait multiplier ces restes, retrancher du *produit* tous les 9 possibles, écrire le reste de cette soustraction à la droite du premier reste, et enfin passer au dividende pour opérer comme au produit d'une multiplication.

Mais, comme le diviseur et le quotient ne donnent aucun *reste*, on doit donc conclure que le dividende n'en donnera point non plus, si l'opération est exacte. C'est ce qui a lieu en effet, comme on peut le voir. Donc l'opération est bien faite.

139. *D.* Quelles remarques offre la division?

R. De même que la multiplication présente plusieurs cas particuliers, de même aussi la division offre *quelques remarques à considérer*. Nous allons exposer les deux principales.

140. 1re REMARQUE. *D.* Qu'offre cette remarque?

R. Il peut arriver qu'après avoir abaissé, à côté d'un reste quelconque, le chiffre suivant du dividende, on obtient un dividende partiel plus petit que le diviseur, ce qui indiquerait que le quotient ne renfermerait point d'unités de l'ordre du chiffre abaissé; alors, il faut écrire au quotient *un zéro* pour en tenir lieu, et pour donner ainsi aux chiffres significatifs déjà trouvés, leur valeur relative. Ensuite on abaisse à côté de ce dividende partiel, le chiffre suivant du dividende, et on continue l'opération s'il y a lieu.

On conçoit qu'il pourrait fort bien arriver aussi, qu'ayant abaissé *deux* ou *plusieurs* chiffres, à côté d'un reste, on obtienne encore un dividende partiel moindre que le diviseur; alors, dans ce cas, il faudrait écrire au quotient *autant* de zéros *qu'*on aurait descendu de chiffres, avant d'obtenir un dividende partiel qui contienne le diviseur.

EXEMPLE.

Soit à diviser 1.251.298.577 *par* 2468.

	Opération.		*Preuve par* 9.
	12512-98577	2468	2 | 6
1er reste et 2e div. part.	017298	507009	3 | 6
2e reste et 3e div. part.	0022577	22212	
Dernier reste.	0365	17276	
		12340	
Reste à ajouter		365	
PREUVE.		1.251.298.577	
Reste à retrancher		365	
Produit pour faire la preuve par 9.		1.251.298.212	

Dans cet exemple, après qu'on a eu abaissé, à côté du *premier* reste 172, le chiffre suivant 9 du dividende, comme on a obtenu un dividende partiel qui ne contenait pas le diviseur (ce qui prouve que le quotient ne renferme point d'unités de l'ordre du chiffre abaissé), on a donc placé au quotient *un zéro* pour en tenir lieu; et ensuite on a continué l'opération.

Toutefois, lorsqu'on est parvenu au *deuxième* reste 22, une difficulté plus forte s'est présentée; il a fallu descendre *trois* chiffres ou les trois derniers chiffres, avant d'obtenir un dividende partiel qui contienne le diviseur : on a donc été d'obligé d'écrire deux nouveaux zéros au quotient pour remplacer ces deux ordres d'unités qui y manquent.

141. 2e REMARQUE. *D.* Que présente la seconde remarque?

R. Cette remarque, dont le but est d'abréger l'opération, lorsque le dividende et le diviseur sont terminés par des zéros, est fondée sur le principe qu'on peut multiplier ou diviser ces deux nombres sans altérer le quotient; c'est-à-dire que, lorsque le dividende et le diviseur d'une division quelconque, seront terminés par des zéros, on pourra abréger l'opération, en supprimant, avant d'opérer, sur la droite de chacun d'eux, autant de zéros qu'il y en a dans celui qui en renferme le moins.

EXEMPLE.

Soit à diviser 88580000 *par* 48000.

Opération.		*Preuve par 9.*
88580	48	3 | 0
405	1845	0 | 0
218	48	
260	14760	
Reste 20	7380	
	20	
Preuve	88580	
	20	
	88560	

Dans cet exemple, comme il y a trois zéros à la fin de celui des deux nombres qui en contient moins, avant l'opération, on a donc supprimé trois zéros sur la droite de chacun d'eux. (*Nous renvoyons toujours pour la démonstration, à mon Traité d'Arithmétique.*)

CONSÉQUENCES.

142. I. *D.* Que résulte-t il du procédé qu'on a suivi dans la division.

R. Il résulte que, pour qu'un chiffre quelconque du quotient soit exactement déterminé, on ne doit pas, dans l'opération suivante, trouver plus de 9 au quotient : puisque si l'on obtenait seulement 10, le chiffre précédent serait évidemment trop faible d'une unité. Le moyen, d'ailleurs, de reconnaître qu'un chiffre du quotient est *bien déterminé*, c'est de s'assurer si le *reste* qu'on obtient est moindre que le diviseur ; car s'il était égal ou supérieur au diviseur, il faudrait augmenter d'*une unité* le chiffre qu'on aurait trouvé.

143. II. *D.* Que suit-il encore du même procédé?

R. Il suit que le quotient doit toujours se composer d'autant de chiffres *plus un*, qu'il y en a de reste à la droite du premier dividende partiel; de sorte qu'à la vue du dividende et du diviseur, il est facile de reconnaître combien il y aura de chiffres au quotient.

Exercices sur la division des nombres entiers.

I. *D.* Quel est le *quotient* du nombre 987.654.312 par 8?

II. *D.* Quel est *celui* de 810.634.534 par 9?

III. *D.* Quel est le *quotient* de la division du nombre 1.387.440 par 752?

IV. Quel est *celui* de 21.617.869 par 3579?

V. *D.* Si l'on divisait 45.863.721 par 365, quel serait le *quotient*?

VI. *D.* Quel est encore le *quotient* de 87.664.039 par 1753?

VII. *D.* Quel est enfin *celui* de 8.081.262.305.397 par 89?

NOMBRES DÉCIMAUX.

144. *D.* Comment s'effectue la division des nombres décimaux?

R. La *division des nombres décimaux ne présente pas plus de difficulté que celle des nombres entiers; sinon qu'avant l'opération, il faut rendre les décimales égales de part et d'autre, c'est-à-dire ajouter des zéros à celui des deux nombres qui contient le moins de décimales, pour qu'il en renferme autant que l'autre.*

Si, par exemple, *il arrive que le dividende et le diviseur contiennent déjà un même nombre de chiffres décimaux, alors cette préparation n'a pas lieu.*

Cela posé, on effectue l'opération en faisant abstraction de la virgule, c'est-à-dire en considérant les nombres comme *entiers*, et on obtient ainsi le quotient demandé.

EXEMPLE I.

145. *D. Quel est d'abord le quotient de la division du nombre* 12.188,215 *par* 247?

D. Dans cet exemple, comme il y a *trois* chiffres décimaux au dividende et que le diviseur n'en renferme *aucun*, on doit donc écrire *trois* zéros à la droite de celui-ci; ensuite on fait l'opération d'après le procédé connu de la division.

Opération.

	12188215	247800
	2398215	49
Reste	085215	2223000
		988000
		85215
Preuve		12188215

EXEMPLE II.

146. *D. Quel est ensuite le quotient de* 7.244 *par* 29,475?

R. Ici, puisque le diviseur contient à son tour *trois* chiffres décimaux et que le dividende n'en renferme *point*, on commence donc par ajouter *trois* zéros à celui-ci; et on opère ensuite comme précédemment.

Opération.

	7244000	29475
	134980	245
	170000	147375
Reste	22625	117980
		58958
		22625
Preuve		7244080

EXEMPLE III.

147. *D. Quel est enfin le quotient de la division du nombre* 834,16 *par* 14,63428?

R. Comme, dans cet exemple, le diviseur contient *cinq* chiffres décimaux et que le dividende n'en renferme que *deux*, il faut donc écrire d'abord *trois* zéros à la droite de celui-ci, afin de le rendre égal à l'autre en décimales; ensuite on effectue l'opération comme dessus.

Opération.

	83416000	1463428
	10244680	57
Reste	604	10243996
		7317140
		604
	Preuve	83416000

Nota. On peut aussi faire la preuve par 9 de toutes ces opérations.

QUOTIENTS ÉVALUÉS EN DÉCIMALES.

148. *D.* Quel est le procédé à suivre pour évaluer un quotient en décimales, c'est-à-dire pour approcher e plus près possible de l'exactitude d'un quotient.

R. Pour évaluer un quotient en décimales, ou pour approcher d'un quotient à *un dixième,* à *un centième,* à *un millième,... près,* on ajoute d'abord, sur la droite du reste de la division, *un, deux , trois...,* zéros, c'est-à-dire *autant* de zéros qu'on veut avoir de chiffres décimaux au quotient; ensuite on continue d'opérer comme à l'ordinaire, jusqu'à ce qu'on ait épuisé tous les chiffres du nouveau dividende; et on sépare enfin, par la virgule, la nouvelle partie du quotient de celle déjà obtenue, c'est-à-dire, la partie entière de la partie décimale.

EXEMPLE I.

149. *D. Quel est d'abord le quotient de la division du nombre 475.477 par 869, en supposant qu'on évalue le quotient à moins d'un centième près?*

Opération.

	475477	869 *Diviseur.*
	4097	547,15 *Quotient.*
	6217	
Reste des entiers et divid. décimal.	13400	
	4740	
Reste des décimales	565	

R. Ayant fait la division de 475477 par 869, on obtient pour partie entière du quotient 547 et pour *reste* 134; or, comme on voulait obtenir le quotient à *un centième près*, on a donc ajouté *deux* zéros à la droite de ce reste, ce qui a donné le dividende décimal 13400; sur lequel opérant ainsi qu'il est dit ci-dessus, on trouve 547,15 pour *quotient cherché*, évalué à 0,01 *près.*

EXEMPLE II.

150. *D. Quel est enfin le quotient de* 1787 *par* 65, *à un cent millième près?*

R. Dans ce dernier exemple, puisque le quotient doit exprimer des cent millièmes, on doit donc, lorsqu'on aura trouvé le *reste* des entiers, écrire *cinq* zéros à la droite de ce reste; et ensuite opérer comme dans l'exemple précédent.

Opération,

Dividende	1787	65	*Diviseur.*
	487	27,42307	*Quotient.*
Reste des entiers	5200000		
	600		
	150		
	200		
	500		
Reste des décimales	45		

Donc le *quotient demandé* est 27,42307.

Nota. Au lieu de mettre la virgule lorsque l'opération est terminée, il revient évidemment au même, et cela est plus simple, de la placer avant d'opérer sur le dividende décimal.

1re REMARQUE.

151. *D.* Jusqu'ici, dans la division, nous n'avons proposé que des exemples où le dividende était *plus fort* que le diviseur, de sorte que le quotient exprimait toujours des entiers; mais, si le dividende était *plus faible* que le diviseur, ou si la division proposée ne devait point contenir d'entiers, *comment opérerait-on?*

R. L'opération étant disposée, il n'y aurait qu'à écrire au quotient un zéro pour remplacer les entiers, et placer la virgule; ensuite faire l'opération comme dans les exemples précédents.

EXEMPLE.

Soit à diviser 139 par 369, en poussant l'opération jusqu'*aux dix millièmes*.

Opération.

```
1390000 | 369
-------   -----
 2830     0,3766
 ----
  2470
  ----
   2560
   ----
Reste 346
```

Donc le *quotient demandé* est 0,3766.

2e REMARQUE.

152. *D*. Si les deux nombres proposés étaient des décimales ou même le dividende seul, *comment ferait-on l'opération?*

R. Il faudrait d'abord se conformer à la *règle* des nombres décimaux, c'est-à-dire, égaliser les décimales de part et d'autre; ensuite opérer comme dans l'exemple précédent : parce que, dans ces deux cas, ainsi que dans celui du dernier exemple, le quotient ne peut nécessairement exprimer que des décimales.

EXEMPLE.

Supposons que le dividende soit plus faible que le diviseur, et que l'un et l'autre soient toutefois des décimales; qu'il s'agisse de diviser 0,04956 par 0,87 à *un cent millième près*.

Opération.

Dividende	495500000	870000	*Diviseur.*
	6060009	0,00569	*Quotient.*
	8400000		
Reste	570000		

Dans ce dernier exemple, comme le dividende renfermait *six* chiffres décimaux, pour y faire abstraction de la virgule ainsi que dans le diviseur qui n'en contenait que *deux*, on a *d'abord* été obligé d'ajouter *quatre* zéros à celui-ci pour le rendre égal à l'autre en décimales. Ensuite, observant que l'opération devait être poussée jusqu'aux *cent millièmes*, c'est-à-dire jusqu'au *cinquième* rang décimal, il a donc fallu placer *cinq* zéros à la droite du dividende. *Enfin*, les deux nombres ainsi préparés, on a fait l'opération comme à l'ordinaire; et on obtient pour *quotient* 569, à la gauche duquel on écrit *deux* zéros, plus *un* pour tenir lieu des entiers, afin que ce quotient exprime les cent millièmes démandés.

Exercices sur la division des nombre décimaux.

I. *D.* Quel est le *qnotient* de la division du nombre 36.789 par 345,725?

II. *D.* Quel est le *quotient* de 9.248,075 par 27?

III. *D.* Quel est *celui* de 450.203,45 par 865,27645?

IV. *D.* Quel est *celui* de 658.209,26758 par 89,87 ?

V. *D.* Quel est *celui* de 65.348,2786 par 289,8654 ?

VI. *D.* Si l'on divisait 49 par 275, quel serait le *quotient?*

VII. *D.* Quel serait aussi le *quotient*, si l'on divisait 0,568 par 0,024 *à moins deux centièmes près?*

VIII. *D.* Quel est le *quotient* de 0,00987 par 0,25 *à moins d'un cent millième près?*

IX. *D.* Quel est enfin *celui* de 0,47686 par 19 entiers. *à moins d'un dix millième près?*

Problèmes sur la division des nombres entiers et décimaux.

I. Un mercier a acheté 128 mètres d'étoffe pour la somme de 1750 fr.; on demande le prix du mètre de cette étoffe?

Réponse : 13 francs.

II. 389 mètres 75 d'ouvrage ont coûté 610 fr. 45; on demande à combien revient le mètre, *à moins de* 0,01 *près?*

Réponse : 1 franc 56 centimes.

III. Une compagnie de 37 ouvriers ont à se partager une gratification de 1475 fr.; combien chaque ouvrier doit-il recevoir *à moins de* 0,01 *près?*

IV. Un ouvrier qui gagne 1675 fr. par an, combien gagne-t-il par jour *à moins de* 0,01 *près?* (l'année est supposée de 365 jours)?

V. 238 pièces de vin ont coûté 6800 fr. 75; on demande le prix de la pièce *à moins de* 0,01 *près?*

VI. On a fait exécuter 689 mètres 55 d'un certain ouvrage pour la somme de 40000 fr.; on demande à combien revient le mètre *à moins de* 0,01 *près?* etc.

CHAPITRE IV.

DES SIGNES ARITHMÉTIQUES

153. *D.* Qu'appelle-t-on signes arithmétiques?

R. On appelle signes arithmétiques, des *caractères particuliers* dont on se sert pour indiquer et abréger les opérations.

154. *D.* Quels sont ces signes?

R. Ces *signes* sont au nombre de *sept*, savoir :

1° Le *signe* d'addition qui est +, et qui s'énonce *plus*; Ex. : 8 + 6 signifie 8 *plus* 6.

2° Le *signe* de soustraction qui est —, et qui s'énonce *moins*. Ex. : 9 — 3 siginific 9 *moins* 3.

3° Le signe de multiplication qui est ×, et qui s'énonce *multiplié par*. Ex. : 6 × 4 signifie 6 *multiplié par* 4.

4° Le *signe* de division qui est : ou —, et qui s'énonce *divisé par*. Ex. : 12 : 4 signifie 12 *divisé par* 4.

5° Le *signe* d'égalité qui est =, et qui s'énonce *égale* ou *est égal*. Ex. : 4 + 2 = 6 signifiie 4 + 2 *égale* 6.

6° Le *signe* d'extraction des racines qui est √, et qui s'énonce *racine deuxième, troisième, quatrième..... de*, suivant le degré de la racine que l'on veut extraire; ce dégré s'indique en mettant dans l'ouverture du signe les nombres 2, 3, 4, 5, 6, etc. Les racines 2e et 3e s'appellent aussi racine carrée et racine cubine. Toutefois, la racine carrée fait exception; elle s'indique sans aucun nombre;

7° Et le *signe* qui exprime qu'un nombre est plusieurs fois facteurs dans un produit. Exemple : 8^5, signifie qu'il faut multiplier 8 *cinq* fois successivement par lui-même.

DES FRACTIONS ORDINAIRES OU ABSOLUES.

155. *D*. Qu'est-ce-que les fractions ordinaires?

R. Les *fractions ordinaires*, comme les fractions décimales, sont toujours des quantités moindres que l'unité.

156. *D*. Quel est le mode de formation des fractions ordinaires?

R. La formation des fractions ordinaires n'est pas uniforme comme celle des fractions décimales; au contraire, elle est variable à l'infini.

257. *D*. Comment s'y fait la division de l'unité?

R. Dans les fractions ordinaires, l'unité se divise arbitrairement en *deux*, ou en *trois* , ou en *sept*, ou en *quinze*, ou en *vingt-sept*, ou en *cent quarante-cinq*: etc., parties égales, c'est-à-dire, en *autant* de parties égales *que* l'on veut, ou que l'exige le besoin.

158. *D*. Quels sont les caractères qu'on emploie pour représenter les fractions ordinaires?

R. On se sert des *mêmes caractères* que pour la numération décimale, c'est-à-dire, des *dix* chiffres 1, 2, 3, 4, 5, 6, 7, 8, 9 et 0.

158. *D*. Comment exprime-t-on en chiffres les fractions ordinaires?

R. Pour écrire les fractions ordinaires, on se sert de *deux* nombres entiers, dont l'un désigne en combien de parties égales l'unité est divisée, et l'autre combien on prend de ces parties.

D. Comment s'appellent ces deux nombres?

R. Le premier se nomme *dénominateur* et le second *numérateur.*

D. Comment se disposent-ils?

P. On place le dénominateur sous le numérateur, en les séparant par un trait.

159. *D.* Comment représenterait-on alors les fractions *une demi, deux tiers, trois quarts, sept douzièmes, seize vingt septièmes........?*

R. Ces fractions d'après ce que nous venons de dire, s'écriraient de cette manière :
$\frac{1}{2}$, $\frac{2}{3}$, $\frac{3}{4}$, $\frac{7}{12}$, $\frac{16}{27}$,..........

D. Comment les exprime-t-on?

R. On énonce d'abord le numérateur, puis le dénominateur, en ajoutant, à la fin de l'énoncé, la terminaison *ième;* excepté les fractions $\frac{1}{2}$, $\frac{2}{3}$, $\frac{3}{4}$, qui se prononcent *demi, deux tiers, trois quarts.*

RÉDUCTION DES FRACTIONS A UN MÊME DÉNOMINATEUR.

160. *D.* Qu'est-ce-que la réduction des fractions à un même dénominateur?

R. Cette opération a pour objet *deux* ou *plusieurs* fractions de différents dénominateurs étant données, de les réduire *au même dénominateur.*

RÈGLE.

161. *D.* Quel est le procédé à suivre pour réduire deux ou plusieurs fractions au même dénominateur?

R. Ce procédé, (fondé sur ce qu'on peut multiplier les deux termes d'une fraction quelconque par un même nombre, sans en altérer la valeur), consiste *deux ou plusieurs fractions de différents dénominateurs étant données, à multiplier les deux termes de chaque fraction par le dénominateur de l'autre,* s'il n'y a que deux fractions; ou *par le produit des dénominateurs des autres fractions,* s'il y a plus de deux fractions.

EXEMPLE I.

162, *D. Comment réduirait-on au même dénominateur les deux fractions $\frac{5}{6}$ et $\frac{7}{9}$?*

R. On multiplie d'abord les deux termes 5 et 6 de la première fraction par 9 dénominateur de la seconde, et on obtient, pour la première fraction réduite, $\frac{45}{54}$; ensuite on multiplie également les deux termes 7 et 9 de la seconde fraction par 6 dénominateur de la première, et on obtient $\frac{42}{54}$ pour la seconde fraction réduite. Donc les fractions demandées sont $\frac{45}{54}$ et $\frac{42}{54}$.

Nota. Ces fractions ont évidemment la même valeur que les fractions proposées, puisqu'on a multiplié les deux termes de chacune par un même nombre; de plus, elles ont nécessairement des dénominateurs égaux, puisque chacun d'eux a été formé en multipliant l'un par l'autre les deux dénominateurs primitifs 5 et 9.

EXEMPLE II.

163. *D. Comment réduira-t-on enfin au même dénominateur les quatre fractions $\frac{2}{3}$, $\frac{3}{5}$, $\frac{4}{7}$ et $\frac{5}{9}$?*

R. On commence par multiplier les deux termes 2 et 3 de la première fraction par 315, *produit effectué* des dénominateurs 5, 7 et 9 de la 2e, 3e et 4e fraction ; et on obtient $\frac{630}{945}$ pour la 1re fraction réduite. On multiplie ensuite les deux termes 3 et 5 de la seconde fraction par le *produit* 189 des dénominateurs 3, 7 et 9 de la 1re 3e et 4e fraction; ce qui donne pour la 2e fraction réduite $\frac{567}{945}$. On continue de multiplier les deux termes 4 et 7 de la troisième fraction par 135, *produit* des dénominateurs 3, 5 et 9 de la 1re, 2e et 4e fraction; et on obtient $\frac{540}{945}$ pour la 3e fraction réduite. Enfin, on multiplie les deux termes 5 et 9 de la quatrième et dernière fraction par le *produit* 105 des dénominateurs 3, 5 et 7 de la 1re, 2e et 3e fraction; ce qui donne, pour la 4e fraction réduite, $\frac{525}{945}$.

Donc, les fractions cherchées sont : $\frac{630}{945}$, $\frac{567}{945}$, $\frac{540}{945}$ et $\frac{525}{945}$.

Nota. On conçoit, comme dans l'exemple précédent, que ces fractions ont même valeur que les primitives, et que leurs dénominateurs sont égaux, puisqu'ils résultent tous de la multiplication des *quatre* dénominateurs 3, 5, 7 et 9.

164. *D.* Lorsqu'il y a plus de deux fractions à réduire au même dénominateur, n'existe-t-il pas un autre procédé plus facile et plus expéditif pour opérer?

R. Ce nouveau procédé consiste *à disposer les fractions proposées les unes au-dessous des autres, de manière que les numérateurs soient placés dans une même ligne verticale, ainsi que les dénominateurs, puis on tire un trait vertical entre chacune des fractions, et un trait horizontal à partir de l'extrémité supérieur du trait vertical, et que l'on prolonge sur la droite.*

On fait ensuite isolément la multiplication de tous les dénominateurs pour n'en faire qu'un seul, qui est le DÉNOMINATEUR COMMUN, *et qu'on place au-dessus de la ligne horizontale.*

Opération.

		945 *dénom. commun.*		*Multiplication des dénom.*
2 | 3	:	315 × 2 = 630	| 945	3
3 | 5	:	189 × 3 = 567	| 945	5
4 | 7	:	135 × 4 = 540	| 945	15
5 | 9	:	105 × 5 = 525	| 945	7
				105
				9
				945 *dénom. com.*

Cela posé, (reprenant les quatre fractions du dernier exemple), *on divise le dénominateur commun* 945 *par chacun des dénominateurs de toutes les fractions, en commençant par le dénominateur* 3 *de la première ou la supérieur; on obtient ainsi pour quotient* 315 *que l'on écrit à droite et sur la ligne du dénominateur* 3, *en les séparant par le signe de division* (:). *Ensuite. on multiplie le nombre* 315 *par* 2, *numérateur de la première fraction, et le produit* 630 *qui en résulte, se place sur la même ligne, et forme le numérateur de la première fraction réduite.*

Continuant d'opérer de la même manière sur les trois autres fractions, on obtient successivement pour numérateurs 567, 540 et 525, *les mêmes* aussi que dans l'exemple précèdent.

Enfin, plaçant à la droite de chacun de ces numérateurs, le dénominateur commun 945, en les séparant, comme les primitives, par une ligne verticale, on obtient *les quatre fractions réduites au même dénominateur démandées.*

Nota. De même qu'entre chaque dénominateur et chaque quotient, on écrit le *signe de division;* de même aussi, on place le *signe de multiplication*, entre les quotients et les numérateurs multiplicateurs; et le *signe d'égalité*, entre ceux ci et les produits.

165. 1re Remarque. *D.* Lorsque le plus grand dénominateur des fractions proposées est divisible exactement pour tous les autres, ne peut-on pas abréger l'opération?

R. Lorsque le plus grand des dénominateurs est exactement divisible par chacun des autres, on peut considérer ce dénominateur comme *dénominateur commun;* alors on dispose l'opération et on opère comme dans l'exemple précédent.

EXEMPLE.

Soit à redire au même dénominateur les six fractions $\frac{1}{2}$, $\frac{2}{3}$, $\frac{3}{4}$, $\frac{5}{6}$, $\frac{11}{12}$ et $\frac{35}{36}$.

Opération.

36 *dénom. commun.*

1	2	:	18	×	1	=	18	36
2	3	:	12	×	2	=	24	36
3	4	:	9	×	3	=	27	36
5	6	:	6	×	5	=	30	36
11	12	:	3	×	11	=	33	36
35	36	:	1	×	35	=	35	36

Ici, il est facile de reconnaître que le plus grand dénominateur 36 divise exactement les *cinq* autres dénominateurs 2, 3, 4, 6 et 12.

166. 2e Remarque, *D.* Sans que le plus grand des dénominateurs soit divisible exactement par chacun

des autres, ne pourrait-il pas se présenter un cas d'abréger encore l'opération?

R. Malgré que le plus grand dénominateur ne divise pas exactement tous les autres, si on s'aperçoit qu'en le multipliant par 2, 3, 4, etc., le produit devient exactement divisible par chacun des dénominateurs; alors on peut considérer ce produit comme *dénominateur commun*, et opérer ensuite comme précédemment.

EXEMPLE.

Soit à réduire les fractions $\frac{1}{4}$, $\frac{3}{8}$, $\frac{5}{9}$, $\frac{7}{12}$, $\frac{11}{18}$ *et* $\frac{17}{24}$.

Opération.

72 *dénom commun.*

1	4	:	18 × 1	= 18	72	
3	8	:	9 × 3	= 27	72	24
5	9	:	8 × 5	= 48	72	3
7	12	:	6 × 7	= 42	72	72 *dé. c.*
11	18	:	4 × 11	= 44	72	
17	24	:	3 × 17	= 51	72	

Dans cet exemple, on a reconnu qu'en multipliant 24 par 3, le produit 72 devient exactement divisible par les dénominateurs 4, 8, 9, 12 et 18.

RÉDUCTION DES FRACTIONS A LEUR PLUS SIMPLE EXPRESSION

167. *D*. Qu'est-ce-que la réduction des fractions à leur plus simple expression?

R. Cette opération a pour but, une fraction quelconque dont les deux termes sont de grands nombres, étant donnée, de la réduire à des termes moindres ou le plus simples possible, s'il y a lieu.

168. *D.* Quel est le procédé à suivre pour réduire à sa plus simple expression, une fraction quelconque exprimée par de grands termes?

R. Ce procédé, (fondé sur ce qu'on peut diviser les deux termes d'une fraction quelconque par un même nombre sans en altérer la valeur), consiste *à diviser successivement,* tant que cela est possible, *les deux termes d'une fraction par* 2, *par* 3, 5, 7, etc.

EXEMPLE I.

169. *D. Comment réduira-t-on à de moindres termes la fraction* $\frac{24}{36}$?

R. D'abord, on reconnaît aisément que les deux termes de cette fraction sont divisibles par 2; effectuant cette division, on obtient pour premier résultat $\frac{12}{18}$. Observant ensuite que les deux termes de cette nouvelle fraction sont encore divisibles par 2, et effectuant cette division, il vient $\frac{6}{9}$ pour second résultat. Enfin, réfléchissant que les deux termes 6 et 9 de cette dernière fraction admettent le même diviseur 3, et faisant cette division, on obtient $\frac{2}{3}$ pour la fraction $\frac{24}{36}$ réduite à sa plus simple expression.

EXEMPLE II.

170. *D. Comment réduira-t-on enfin, à sa plus simple expression, la fraction* $\frac{294}{336}$?

R. Les deux termes de cette fraction, comme on peut le voir, sont d'abord divisibles par 2; ce qui donne pour résultat $\frac{147}{168}$, fraction dont les deux termes ne sont plus divisibles par 2, *mais par* 3, comme il est facile de le reconnaître; effectuant cette division, on obtient $\frac{49}{56}$ pour seconde fraction réduite, dont les deux termes ne sont divisibles que par 7: ce qui donne enfin $\frac{7}{8}$ pour la fraction $\frac{294}{336}$ réduite à ses termes les plus simples.

Dans la pratique, voici comme on dispose l'opération :

Opération.

$$\frac{294}{336} = \frac{147}{168} = \frac{49}{56} = \frac{7}{8}$$

et comme on procède : la moitié de 2 est 1 que l'on pose; la moitié de 9 est 4 que l'on écrit à côté, et il reste 1 qui vaut 10, qui, joint au chiffre suivant 4, font 14; la moitié de 14 est 7 que l'on place à la droite du 4, etc. (*Voyez l'opération.*)

171. *D.* Cette méthode si facile de réduction d'une fraction à sa plus simple expression, est-elle générale ?

R. Non ; elle a l'inconvénient de ne pas être assez générale; toutefois, il existe un autre moyen de réduction qui ne laisse rien à désirer, lequel est désigné sous le nom de *procédé du plus grand commun diviseur*, c'est-à-dire, du plus grand nombre qui divise à la fois les deux termes d'une fraction.

172. *D.* Comment obtient-on le plus grand commun diviseur des deux termes d'une fraction?

R. Pour obtenir le plus grand commun diviseur d'une fraction, *on divise d'abord le numérateur par le dénominateur, ou le plus grand nombre par le plus petit; et, si cette division ne donne point de reste, c'est le plus petit nombre qui est le plus grand commun diviseur cherché.*

Mais, si on obtient un reste, alors on divise le plus petit nombre par ce reste ; si la division se fait exactement, c'est ce premier reste qui est le plus grand commun diviseur.

Enfin, si cette seconde division donne encore un reste, on divise le premier reste par le second. Et, d'ailleurs, on continue toujours de diviser le reste précédent par le dernier reste, jusqu'à ce qu'on obtienne un quotient exact : alors, le dernier diviseur qu'on aura employé, sera *le plus grand commun diviseur cherché.*

Nota. S'il arrive, par exemple, que le dernier diviseur se trouve être l'unité, on en conclut que la fraction proposée n'est pas *réductible*, ou que ses deux termes n'ont pas de *diviseur commun.*

EXEMPLE I.

173. *D. Quel est lé plus grand commun diviseur des deux termes de la fraction* $\frac{741}{912}$ *?*

Opération.

	1	4	5	*Quotients.*
912	741	171	57	*Dén. vom.*
171	57	00		*Restes et diviseurs.*

R. Les deux nombres étant disposés comme pour effectuer une simple division, on divise 912 par 741; cette division effectuée, on obtient pour quotient 1 que l'on place au-dessus diviseur (au lieu de le placer au-dessus comme à l'ordinaire), et il reste 171. On transporte ce reste à la droite du petit nombre 741; et on divise 741 par 171; on trouve un nouveau quotient 4 que l'on place au-dessus du diviseur 171, et il reste 57. On transporte ce reste à la droite de

171; et, effectuant la division de 171 par 57, comme on obtient pour quotient exact 3, on conclut que 57 est *le plus grand commun diviseur* des deux nombres 912 et 741.

Divisant ensuite chacun de ces deux nombres par 57, d'après le procédé connu de la division, on obtient d'une part 16, et de l'autre part 13 : ce qui forme enfin la fraction $\frac{13}{16}$ équivalente à la proposée $\frac{741}{912}$.

EXEMPLE II.

174. *D. Quel est enfin le plus grand commun diviseur de la fraction* $\frac{217}{849}$?

Opération.

	5	1	10	2	2	1	2
849	217	198	19	8	5	2	1
198	19	08	5	2	1	0	

R. Dans cet exemple, comme le procédé conduit à un reste égal à 1, la fraction proposée est dite *irréductible*; puisqu'elle ne peut être ramenée à une expression plus simple en divisant ses deux termes par un même nombre.

(*Pour la démonstration de toutes ces propriétés, voyez mon traité d'Arithmétique complet*).

ADDITION DES FRACTIONS.

175. *D.* Qu'est-ce-que l'addition des fractions?

R. L'addition des fractions a pour but, comme celle des nombres entiers, de réunir plusieurs fractions pour n'en faire qu'*une seule* qui les contienne toutes.

176. *D.* Combien l'addition des fractions présente-t-elle de cas?

R. L'addition des fractions présente deux cas principaux : *ou les fractions qu'on doit additionner ont même dénominateur, ou bien elles ont des dénominateurs différents.*

177. 1er CAS. *D.* Que fait-on dans ce cas?

R. Dans le premier cas, *il n'y a qu'à faire la somme des dénominateurs, et donner à cette somme le dénominateur commun.*

Ainsi, pour joindre ensemble les fractions $\frac{5}{12}$, $\frac{7}{12}$, $\frac{1}{12}$ et $\frac{11}{12}$, on dit : 5 et 7 font 12 et 1 font 13 et 11 font 23 ; ou, plus simplement, : $5 + 7 + 1 + 11 = 23$: c'est-à-dire $\frac{23}{12}$.

178. 2e CAS. *D.* Comment opère-t-on dans le second cas?

R. Dans le second cas, *on commence par réduire les fractions au même dénominateur*, d'après le procédé du n° 164; ensuite on fait la somme des numérateurs (comme dessus); et on donne enfin à cette somme le dénominateur commun.

EXEMPLE I.

179. *D. Quelle est la somme des fractions* $\frac{2}{3}$, $\frac{5}{7}$, $\frac{7}{8}$, $\frac{3}{4}$ *et* $\frac{4}{9}$?

Opération.

Multip. des dén.				6048 *dénom. commun.*
3	2 | 3	:	2016 × 2 = 4032	
7	5 | 7	:	864 × 5 = 4320	
21	7 | 8	:	756 × 7 = 5292	6048
8	3 | 4	:	1512 × 3 = 4536	
168	4 | 9	:	672 × 4 = 2688	
4			20868	6048
672				
9				
6048 *dénom. commun.*				

R. Après avoir effectué l'addition comme il est dit dans le second cas, et comme on le voit ci-dessus, on obtient pour la somme des fractions proposées $\frac{20868}{6048}$.

Nota. Dans la pratique, au lieu de placer le dénominateur commun à la droite de chacun des numérateurs obtenus, on peut seulement l'écrire une fois pour toutes, ou même pas du tout, sinon au-desous ou à la droite du total.

180. Remarque. *R.* Lorsque le résultat d'une addition est tel que le numérateur surpasse le dénominateur, que fait-on?

R. Il est nécessaire alors d'extraire les entiers que renferme cette fraction, en divisant le numérateur par le dénominateur ; le quotient qu'on obtient ainsi exprime les entiers, et le reste forme le numérateur de la fraction qui doit être ajoutée aux entiers.

Ainsi pour obtenir les entiers contenus dans le résultat ci-dessus $\frac{20868}{6048}$, on divise 20868 par 6048; cette division effectuée, on obtient 3 entiers $+ \frac{2724}{6048}$. De même, on trouverait que le nombre fractionnaire

$\frac{208}{24}$ contient 8 entiers $+ \frac{16}{24}$, ou $\frac{8}{12}$, ou $\frac{4}{6}$, ou enfin $\frac{2}{3}$, en réduisant cette fraction à sa plus simple expression.

181. *D.* Que résulte-t-il de cette remarque?

R. Il résulte que, *réciproquement,* lorsqu'on a un nombre entier joint à une fraction, pour en former un seul nombre fractionnaire, on multiplie l'entier par le dénominateur, on ajoute au produit le numérateur, et on donne à cette somme le dénominateur de la fraction proposée.

Ainsi, $6\frac{3}{4}$ reviennent à $6 \times 4 + 3$, ou $\frac{27}{4}$; de même, $8\frac{7}{12}$ égalent $8 \times 12 \times 7$ ou $\frac{103}{12}$.............

EXEMPLE II.

182. *D. Quelle est enfin la somme des nombres fractionnaires* $6 + \frac{3}{4}$, $8 + \frac{7}{12}$, $25 + \frac{5}{6}$, et $4 + \frac{13}{16}$?

R. Avant d'effectuer l'addition de ces nombres, on pourrait les convertir chacun en une seule expression fractionnaire, d'après le principe du n° 180, et opérer ensuite comme sur de simples fractions; mais, il est bien plus simple de faire d'abord l'addition des fractions considérées séparément, puis d'ajouter le résultat aux entiers.

Opération.

			48 *dénom. commun.*
6 ent.	3	4 :	$12 \times 3 = 36$
8 ent.	7	12 :	$4 \times 7 = 28$
25 ent,	5	6 :	$8 \times 5 = 40$
4 ent.	13	16 :	$3 \times 13 = 39$

Somme des fractions, 2 *ent.* 47/48 — 145/48, *ou* 2 *ent.* $\frac{47}{48}$

Somme tot. : 45 *ent.* 47/48

Nota. Dans cet exemple, au lieu de multiplier tous les denominateurs *pour former le dénominateur commun*, nous avons seulement multiplié le plus grand 16 par 3; parce que le produit 48 qui en résulte est exactement divisible par chacun des dénominateurs, et peut, par conséquent, servir de *dénominateur commun*.

PREUVE DE L'ADDITION DES FRACTIONS.

183. *D.* Comment se fait la preuve de l'addition des fractions?

R. Cette *preuve* se fait en prenant d'abord *la différence* du numérateur au dénominateur de chaque fraction. Cette différence ainsi prise, forme le *numérateur* de chacune des nouvelles fractions dont les *dénominateurs* sont respectivement ceux des fractions primitives : ainsi, ces nouvelles fractions ne diffèrent des proposées que par leurs numérateurs.

Cela posé, on effectue l'addition des fractions nouvellement formées comme celle des primitives; le *résultat* qu'on obtient, on l'ajoute au *résultat* de la première opération; et la *somme* de ces résultats, ou le *résultat total* doit nécessairement donner *autant d'entiers qu'il y a de fractions proposées*. C'EST CE QUI CONSTITUE CETTE PREUVE.

En effet, car la différence du numérateur au dénominateur, étant ajoutée au numérateur, donne évidemment le numérateur égal au dénominateur, c'est-à-dire donne 1 : or, toutes ces différences prises ensemble, ou leur somme, étant à ajoutée à la somme de la première opération , doit donc donner autant de fois 1 ou autant d'entiers qu'il y a de fractions proposées.

EXEMPLE.

Soit proposer d'ajouter les cinq fractions $\frac{1}{3}$, $\frac{2}{5}$, $\frac{3}{4}$, $\frac{4}{9}$ et $\frac{7}{12}$, et d'en vérifier le résultat.

1re *Opération.* 6480 *dénom. com.*			2e *Opération.* 6480 *dénom. com.*		
1	3	2160 × 1 = 2160	2	3	2160 × 2 = 4320
2	5	1296 × 2 = 2592	3	5	1296 × 3 = 3888
3	4	1620 × 3 = 4860	1	4	1620 × 1 = 1620
4	9	720 × 4 = 2880	5	9	720 × 5 = 3600
7	12	540 × 7 = 3780	5	12	540 × 5 = 2700

Somme : 16272 | 6480 — *Somme* : 16128 / 6480

Somme de la preuve : 16128 | 6480

Somme totale : 32400 | 6480

0000 | 5 *entiers juste.*

Donc le *résultat* $\frac{16272}{6480}$ est exact.

Après avoir effectué *l'addition* des cinq fractions proposées, comme à l'ordinaire, on procède pour faire la *preuve* en disant : de 1 à 3, il y est 2 ou $\frac{2}{3}$; de 2 à 5, il y est 3 ou $\frac{3}{5}$; de 3 à 4, il y a $\frac{1}{4}$; de 4 à 9 il y a $\frac{5}{9}$; et enfin de 7 à 12, il y a $\frac{5}{12}$: ce qui forme les nouvelles fractions $\frac{2}{3}$, $\frac{3}{5}$, $\frac{1}{4}$, $\frac{5}{9}$ et $\frac{5}{12}$; sur lesquelles opérant comme sur les proposées, on trouve pour *résultat* $\frac{16128}{6480}$. Joignant ensuite ce résultat au premier $\frac{16272}{6480}$, on obtient enfin pour *résultat total* $\frac{32400}{6480}$, ou 5 juste, c'est-à-dire, autant d'entiers qu'il y a de fractions proposées.

Nota. Avant de réunir les deux sommes obtenues, on peut extraire les entiers que chacune renferme : ainsi, la première étant égale à 2 + $\frac{3312}{6480}$, et la se conde à $2 + \frac{3168}{6480}$, il vient $2\,\frac{3312}{6480}$ plus $2\,\frac{3168}{6480}$ égalent $4 + \frac{6480}{6480}$, ou 5 *entiers*.

Nota. On conçoit que le dénominateur commun est égal dans les deux opérations, ainsi que les quotients partiels, puisque les dénominateurs sont les mêmes de part et d'autre.

Exercices sur l'addition des fractions.

I. *D*. Quelle est la *somme* des fractions $\frac{17}{24}$, $\frac{5}{24}$, $\frac{13}{24}$ et $\frac{7}{24}$?

II. *D*. Quelle est *celle* de $\frac{1}{2}$, $\frac{5}{8}$, $\frac{7}{8}$, $\frac{11}{12}$ et $\frac{19}{24}$?

III. *D*. Quel est le *total* des fractions $\frac{3}{5}$, $\frac{9}{15}$, $\frac{7}{10}$, $\frac{1}{2}$, $\frac{3}{4}$ et $\frac{7}{8}$?

IV. *D*. Quel est encore *celui* des nombres fractionnaires $24\,\frac{2}{3}$, $7\,\frac{4}{9}$, $12\,\frac{6}{12}$, $3\,\frac{2}{7}$ et $\frac{15}{15}$?

V. *D*. Quel est enfin *celui* de $48\,\frac{7}{8}$, $\frac{9}{10}$, $2\,\frac{5}{7}$, $\frac{7}{8}$, $15\,\frac{18}{25}$ et $\frac{1}{4}$?

SOUSTRACTION DES FRACTIONS.

184. *D*. Qu'est-ce-que la soustraction des fractions ?

R. La *soustraction des fractions* a pour objet de trouver la *différence* entre deux fractions proposées.

185. *D*. Combien la soustraction des fractions offre-t-elle de cas à considérer ?

R. La soustraction des fractions, comme l'addition, présente *deux* cas principaux : ou les fractions dont on doit chercher la différence ont même dénominateur, ou elles ne l'ont pas.

186. *D*. Que fait-on dans le premier cas?

R. Dans le premier cas, *il n'y a qu'à retrancher le*

plus petit numérateur du plus grand, et donner au reste le dénominateur commun.

Ainsi, la *différence* des deux fractions $\frac{13}{16}$ et $\frac{9}{16}$ est 13 — 9 ou $\frac{4}{16}$ ou $\frac{2}{8}$ ou $\frac{1}{4}$; de même, si de $\frac{23}{36}$ on retranche $\frac{11}{36}$, il reste $\frac{12}{36}$ ou $\frac{6}{18}$ ou $\frac{1}{3}$..........

187. *D.* Comment opère-t-on dans le second cas?

R. Dans le second cas, *on commence par réduire les fractions au même dénominateur, et ensuite on opère comme dessus.*

EXEMPLE I.

188. *D. Quelle est la différence des deux fractions* $\frac{7}{12}$ *et* $\frac{4}{7}$?

R. On réduit d'abord ces deux fractions au même dénominateur, ce qui donne $\frac{49}{84}$ et $\frac{48}{84}$; ensuite retranchant 48 de 49, il *reste* 1 ou $\frac{1}{84}$.

Opération.

	49	84
	48	84
Reste	1	84

EXEMPLE II.

189. *D. Quelle est enfin la différence des deux nombres fractionnaires* 24 $\frac{3}{8}$ *et* 9 $\frac{5}{6}$?

R. Pour effectuer cette opération, on commence par réduire les deux fractions au même dénominateur, ce qui donne $\frac{18}{48}$ pour la première, et $\frac{40}{48}$ qour la seconde. Ensuite observant que la fraction $\frac{40}{48}$, pui appartient au nombre inférieur, ne peut être retranchée de la fraction $\frac{18}{48}$, qui appartient au nombre supérieur, il faut donc emprunter sur ce dernier nombre *une unité* qui vaut $\frac{48}{48}$, et que l'ont joint à $\frac{18}{48}$, ce qui donne $\frac{66}{48}$; alors, retranchant $\frac{40}{48}$ de $\frac{66}{48}$, on trouve pour *reste* $\frac{26}{48}$.

Passant enfin à la soustraction des entiers, et regardant 24 comme diminué *d'une unité*, à cause de l'emprunt, on dit : de 3 ou de 23 ôter 9, il reste 14 ; donc la *différence demandée* est 14 $\frac{26}{48}$.

190. *Preuve*. *D*. Comment se fait la *preuve* de la soustraction des fractions ?

R. La *preuve* de la soustraction des fractions, comme *celle* des entiers, consiste toujours à ajouter la plus *petite* fraction avec le *reste* ; et, si l'opération est bien faite, on doit reproduire la plus grande ou la fraction supérieure.

Reprenons le premier exemple.

Opération.

	49	84
	48	84
Reste	1	84
Preuve	49	84

Exercices sur la soustraction des fractions.

I. *D*. Quelle est la *différence* des deux fractions $\frac{7}{8}$ et $\frac{3}{8}$?

II. *D*. Quelle est *celle* de $\frac{18}{25}$ et $\frac{31}{36}$?

III. *D*. Si de 48 $\frac{2}{3}$ on retranchait 24 $\frac{3}{7}$, quel serait le *reste* ?

IV. *D*. Si de 28 $\frac{1}{7}$ on retranchait 7 $\frac{5}{6}$, que *resterait-il* ?

V. *D*. Quel est *l'excès* de 8 $\frac{3}{8}$ sur $\frac{11}{13}$?

MULTIPLICATION DES FRACTIONS

191. *D*. Qu'est ce que la multiplication des fractions ?

R. La *multiplication des fractions*, comme nous l'avons déjà dit, a toujours pour but, deux nombres étant donnés, soit entiers ou fractionnaires, d'en former un troisième, qui se compose avec le premier, de la même manière que le second est composé avec l'unité.

192. *D.* Combien distingue-t-on de cas principaux dans la multiplication des fractions?

R. Trois : 1° on peut avoir une fraction à multiplier par un entier; 2° un entier à multiplier par une fraction; 3° et une fraction à multiplier par une fraction.

193. 1er CAS. *D.* Comment s'obtient le produit d'une fraction par un entier ?

R. Pour obtenir le produit d'une fraction par un entier, on multiplie le numérateur par l'entier et on donne au produit le dénominateur de la fraction.

EXEMPLE.

Soit à multiplier $\frac{5}{8}$ *par* 7.

Opération.

$$\frac{5}{8} \times 7 = \frac{35}{8}$$

Extrayant les entiers, il vient $4\frac{3}{8}$.

194. 2e CAS. *D.* Comment multiplie-t-on un entier par une fraction ?

R. Pour multiplier un entier par une fraction, on multiplie l'entier par le numérateur, et on donne au produit le dénominateur de la fraction.

EXEMPLE.

Soit à multiplier 15 *par* $\frac{5}{6}$.

Opération.

$$15 \times \frac{5}{6} = \frac{75}{6}$$

Extrayant les entiers, on obtient 12 $\frac{3}{6}$, ou 12 $\frac{1}{2}$.

195. 3e cas. *D.* Comment obtient-on enfin le produit d'une fraction par une fraction ?

R. Pour obtenir le produit d'une fraction par une fraction, on multiplie numérateur par numérateur, et dénominateur par dénominateur ; et on donne le second produit pour dénominateur du premier.

EXEMPLE.

Soit à multiplier $\frac{5}{6}$ *par* $\frac{7}{12}$.

Opération.

$$\frac{5 \times 7}{6 \times 12} = \frac{35}{72}$$

196. *Nota. D.* Pourquoi, dans les deux derniers cas, le produit est-il plus faible que le multiplicande?

R. Cela est facile à concevoir, puisque l'opération ne revient à prendre du multiplicande, qu'*une* partie indiquée par la fraction multiplicateur.

197. Comment fait-on la *preuve* de la multiplication des fractions?

R. La *preuve* de la multiplication des fractions s'effectue comme celle des nombres entiers, excepté qu'on ne la peut faire par 9.

198. *D.* Enfin, pour terminer, si l'un des facteurs ou tous les deux étaient des entiers joints à des fractions, comment ferait-on l'opération ?

R. On réduirait d'abord les nombres chacun en un

seul nombre fractionnaire, et ensuite on opérerait comme dans les deux exemples précédents.

EXEMPLE.

Soit à multiplier 9 $\frac{3}{4}$ par 7 $\frac{5}{12}$.

Ces nombres étant changés chacun en seul nombre fractionnaire, reviennent respectivement à $\frac{39}{4}$ et $\frac{89}{12}$; effectuant maintenant la multiplication, suivant la règle du dernier cas, on obtient $\frac{39 \times 89 = 3471}{4 \times 12 = \ \ 48}$, ou, extrayant les entiers, 72 $\frac{5}{16}$, pour *produit demandé*.

Exercices sur la multiplication des fractions.

I. *D.* Quel est le *produit* de $\frac{2}{7}$ par 8?

II. *D.* Quel est *celui* de 26 par $\frac{11}{16}$?

III. *D.* Si on multipliait 9 par 7 $\frac{2}{3}$, quel serait le *produit*?

IV. *D.* Quel est encore le *produit* de $\frac{5}{9}$ par $\frac{17}{24}$?

V. *D.* Quel est enfin *celui* de 36 $\frac{11}{16}$ par 24 $\frac{17}{24}$?

DIVISION DES FRACTIONS.

199. *D.* Qu'est-ce que la division des fractions?

R. La *division des fractions* a pour but, comme celle des nombres entiers, deux nombres étant donnés, d'en déterminer *un troisième* qui, multiplié par le second (diviseur), donne pour produit le premier nombre.

200. *D.* Combien distingue-t-on de cas principaux dans la division des fractions?

R. Dans la division des fractions, comme dans la multiplication, on distingue *trois* cas principaux. On peut avoir : 1° une fraction à diviser par un entier ; 2° un entier à diviser par une fraction ; 3° et une fraction à diviser par une fraction.

201. 1er cas. *D*. Comment divise-t-on une fraction par un entier ?

R. *Pour diviser une fraction par un entier, on multiplie le dénominateur par l'entier, et on donne au produit le numérateur de la fraction.*

EXEMPLE.

Soit à diviser $\frac{5}{8}$ *par* 9.

Opération.

$$\frac{5}{8 \times 9} = \frac{5}{72}$$

De même, la division de $\frac{24}{12}$ donne $\frac{24}{35 \times 12} = \frac{24}{420}$, ou $\frac{12}{210}$, $\frac{6}{105}$, ou enfin $\frac{2}{35}$.

202. 2e Cas. *D*. Comment s'obtient le quotient d'un entier par une fraction ?

R. *Pour obtenir le quotient d'un entier par une fraction, on multiplie l'entier par le dénominateur, et on donne au produit, pour dénominateur, le numérateur de la fraction*; ou bien, en d'autres termes, *on multiplie simplement l'entier par la fraction diviseur renversée*

EXEMPLE.

Soit à diviser 16 *par* $\frac{7}{8}$.

Opération.

$$16 \times \frac{8}{7} = \frac{128}{7}$$

Extrayant les entiers, on a 18 $\frac{2}{7}$.

203. 3e CAS. *D*. Comment fait-on la division d'une fraction par une fraction?

R Le procédé est absolument semblable au cas précédent : *il suffit de multiplier la fraction dividende par la fraction diviseur renversée.*

EXEMPLE.

Soit à diviser $\frac{5}{6}$ *par* $\frac{7}{9}$.

Opération.

$$\frac{5}{6} \times \frac{9}{7} = \frac{45}{42}$$

Extrayant les entiers, on obtient $1\,\frac{3}{42}$, ou $1\,\frac{1}{14}$. De même, le quotient de $\frac{6}{7}$ par $\frac{7}{18}$ est $\frac{4}{7} \times \frac{18}{7} = \frac{108}{49}$, ou extrayant les entiers, $2\,\frac{10}{49}$.

204. *Nota. D.* Pourquoi dans la division d'un entier par une fraction et d'une fraction par une fraction, le quotient est-il plus grand que le dividende?

R. Cela est évident, puisque le quotient résulte de la multiplication du dividende par le diviseur renversé, qui est alors nécessairement plus grand que l'unité.

205. *D*. Comment fait-on la *preuve* de la division des fractions?

R. La *preuve* de la division des fractions, comme celle des nombres entiers, s'effectue toujours en multipliant le diviseur par le quotient, ou réciproquement.

206. *D*. Enfin, si l'un des nombres proposés, ou tous les deux, étaient des entiers joints à des fractions, comment ferait-on l'opération?

R. On réduirait d'abord les entiers en fractions, et on opérerait ensuite comme dans les deux cas précédents.

EXEMPLE.

Soit à diviser 8 $\frac{5}{8}$ *par* 7 $\frac{3}{4}$?

Ces nombres reviennent respectivement à $\frac{69}{8}$ et $\frac{31}{4}$; effectuant maintenant la division, comme dans le dernier cas, on a $\frac{69 \times 4 = 276}{8 \times 31 = 248}$, ou 1 $\frac{28}{248}$, 1 $\frac{14}{124}$, ou enfin 1 $\frac{7}{62}$.

Exercices sur la division des fractions.

I. *D*. Quel est le *quotient* de la division de $\frac{11}{16}$ par 48 ?

II. *D*. Quel est *celui* de 165 par $\frac{7}{11}$?

III. *D*. Quel est *celui* de 28 par 12 $\frac{7}{12}$?

IV. *D*. Quel est *celui* de 15 $\frac{5}{7}$ par 8 $\frac{5}{6}$?

V. *D*. Quel est encore *celui* de $\frac{2}{3}$ par 1200 $\frac{3}{4}$?

VI. *D*. Quel est enfin *celui* de 1 par $\frac{7}{24}$?

DES FRACTIONS DE FRACTIONS.

207. *D*. Qu'est-ce qu'on appelle fractions de fractions ?

R. On appelle fractions de fractions, une opération qui a pour objet de prendre d'une fraction ou d'un nombre entier, *deux* ou *plusieurs* fractions. Cette opération, d'ailleurs, qui se rattache directement à la multiplication des fractions, peut être regardée comme une *multiplication de fractions composée*.

208. *D*. Comment fait-on cette opération?

R. Cette opération présente deux cas: 1° Si l'on a à prendre des fractions de fractions d'*une fraction,* on multiplie seulement tous les numérateurs entre eux, ainsi que les dénominateurs, et on donne le second produit pour *dénominateur* du premier ; 2° et si le nombre dont il faut prendre des fractions de fractions est *un nombre entier,* on commence par mettre cet entier sous la forme d'une fraction, en lui donnant pour dénominateur l'*unité,* ensuite on opère comme il vient d'être dit.

EXEMPLE I.

209. *D. Quels sont les $\frac{2}{3}$ des $\frac{5}{6}$ des $\frac{3}{5}$ de $\frac{7}{8}$?*

Opération.

$$\frac{2 \times 5 \times 3 \times 7}{3 \times 6 \times 5 \times 8} = \frac{210}{720}.$$

Ainsi, les $\frac{2}{3}$ des $\frac{5}{6}$ des $\frac{3}{5}$ de $\frac{7}{8}$ donnent $\frac{210}{720}$, ou $\frac{21}{72}$ ou enfin $\frac{7}{24}$.

EXEMPLE II.

210. *D. Quels sont enfin les $\frac{7}{12}$ de $\frac{1}{3}$ des $\frac{11}{16}$ des $\frac{3}{4}$ de 24 ?*

Opération.

$$\frac{7 \times 1 \times 11 \times 3 \times 24}{12 \times 3 \times 16 \times 4 \times 1} = \frac{5544}{2304}$$

Donc, les $\frac{7}{12}$ de $\frac{1}{3}$ des $\frac{11}{16}$ des $\frac{3}{4}$ de 24 sont $\frac{5544}{2304}$ extrayant les entiers, on obtient $2\,\frac{936}{2304}$, ou $\frac{468}{1152}$, ou $\frac{234}{576}$, ou $\frac{117}{288}$, ou $\frac{39}{96}$, ou enfin $2\,\frac{13}{32}$.

Exercices sur la règle des fractions de fractions.

I. *D.* Quels sont les $\frac{5}{8}$ des $\frac{3}{5}$ des $\frac{4}{7}$ de $\frac{1}{2}$?

II. *D.* Quels sont les $\frac{5}{6}$ des $\frac{2}{3}$ des $\frac{15}{16}$ de 36?

III. *D.* Quels sont les $\frac{7}{12}$ des $\frac{4}{5}$ des $\frac{8}{9}$ de $\frac{1}{2}$ de 1?

CONVERSION OU ÉVALUATION D'UNE FRACTION ORDINAIRE QUELCONQUE EN FRACTION DÉCIMALE.

211. *D.* Quel est le procédé à suivre pour convertir une fraction ordinaire en une fraction décimale?

R. On dispose d'abord les deux termes de la fraction à convertir comme pour faire une simple division; ensuite on écrit *un zéro* au quotient, et à la suite de ce zéro on place la virgule.

Cela posé, on écrit un 0 la droite du numérateur, et on divise le nombre résultant par le dénominateur; on obtient ainsi les *dixièmes* du quotient et un certain *reste*.

On place *un nouveau zéro* à la suite de ce reste, et on divise le nombre qui en résulte par le dénominateur; le chiffre que l'on trouve par cette division exprime les *centièmes* du quotient, et il vient un nouveau *reste*.

A la droite de ce nouveau reste, on écrit un *troisième zéro*, et on divise le nombre résultant par le dénominateur; on obtient un troisième chiffre qui représente les *millièmes* du quotient.

Enfin, s'il vient un *troisième*, *quatrième*,... reste, on continue toujours d'opérer sur chacun de ces restes comme sur les précédents, jusqu'à ce qu'on ait obtenu autant de chiffres décimaux qu'on désire en avoir, ou que l'exige la question. Et finalement, s'il y a encore *un reste*, la fraction décimale ne diffère de la proposée que d'une quantité moindre que l'unité de l'ordre décimal auquel on a arrêté le quotient.

EXEMPLE I.

212. D. *Quelle est la valeur en décimales de la fraction* $\frac{5}{8}$?

Opération.

```
   50  | 8
  ---- |--------
    20 | 0,625
   ----
     40
    ----
Reste 0
```

Ainsi la fraction $\frac{5}{8}$ équivaut à 625 *millièmes* : ce qu'on peut vérifier en réduisant cette dernière fraction ($\frac{625}{1000}$) à sa plus simple expression.

EXEMPLE II.

213. *D. Quelle est enfin la valeur en décimales de la fraction* $\frac{5}{7}$?

Opération.

```
  50      | 7
  ----    |----------
   10     | 0,714285
   ----
    30
    ----
     20
     ----
      60
      ----
       40
       ----
Reste   5
```

Dans ce dernier exemple, après qu'on a eu poussé l'opération jusqu'au *sizième* chiffre décimal ou jusqu'aux *billioniémes*, comme il reste encore la même fraction $\frac{5}{8}$, et que, par conséquent les six mêmes chiffres décimaux reviendraient indéfiniment, on conclut que l'évaluation en décimales de la fraction proposée ne peut se faire exactement. Mais on peut toujours dire que 0,714285 est la valeur de $\frac{5}{7}$, à moins d'*un billioniéme près*; puisque la fraction négligée est moindre que l'unité de cet ordre. (*Toutes ces opérations sont démontrées dans mon Arithmétique complète*).

SECONDE PARTIE.

CHAPITRE V.

DE LA FORMATION DU CARRÉ ET DU CUBE DES NOMBRES, AINSI QUE DE L'EXTRACTION DE LEURS RACINES CARRÉES ET CUBIQUES.

FORMATION DU CARRÉ ET EXTRACTION DE LA RACINE CARRÉE.

214. *D*. Qu'est-ce qu'on appelle carré d'un nombre?

R. On appelle *carré* ou *seconde* puissance d'un nombre, le produit résultant de la multiplication de ce nombre par lui-même.

215. *D*. Qu'appelle-t-on racine carrée d'un nombre ?

R. La *racine carrée* ou 2ᵉ d'un nombre, est un autre nombre qui, multiplié par lui-même ou élevé au carré, donne pour résultat le nombre proposé.

Ainsi, 8 a pour carré 8 fois 8 ou 64; et réciproquement, la racine carrée de 64 est 8. De même, le carré de 15 est 15 × 15 ou 225; et réciproquement, 225 a pour racine carrée 15. Enfin $\frac{5}{6}$ a pour carré $\frac{5 \times 5}{6 \times 6}$ ou $\frac{25}{36}$; et réciproquement, la racine carrée de $\frac{25}{36}$ est $\frac{5}{6}$.

Nota. D'où l'on voit que la formation du carré d'un nombre, soit entier ou fractionnaire, n'exige aucun procédé particulier : *il suffit seulement de multiplier ce nombre par lui-même.*

216. *D.* L'extraction de la racine carrée offre-t-elle plus de difficulté ?

R. L'extraction de la racine carrée (qui a pour objet *un nombre quelconque étant donné, trouver un second nombre qui, multiplié par lui-même, reproduise le nombre proposé*), est une des opérations les plus difficiles de l'arithmétique ; elle ne peut même s'effectuer qu'à l'aide d'un nouveau procédé.

217. *R.* Quels sont les carrés des neuf premiers nombres : 1, 2, 3, 4, 5, 6, 7, 8, 9 ?

R. Ces carrés sont : 1, 4, 9, 16, 25, 36, 49, 64, 81

218. *D.* Que résulte-t-il de l'inspection de ces deux lignes?

R. Il résulte que parmi les nombres entiers d'*un* et de *deux* chiffres, il n'y *en* a que *neuf* qui sont des *carrés parfaits ;* les autres ont pour racine carrée un nombre entier plus une fraction.

Ainsi, 42 par exemple, qui est compris entre 36 et 49, dont les racines carrées sont 6 et 7, a pour *racine carrée* 6 plus une fraction......

219. *D.* Quel nom porte la racine carrée d'un nombre entier qui n'est pas un carré parfait?

R. Cette racine s'appelle *nombre irrationnel* ou *incommensurable.*

220. *D.* Quelle différence existe-t-il entre les carrés de deux nombres entiers consécutifs?

R. La différence qu'il y a entre les carrés de deux

nombres qui se suivent, est égale à *deux fois le plus petit de ces nombres, plus un.*

Ainsi, la différence entre les carrés de 20 et 21 est égale à 2 fois 20 plus 1 ; puisqu'en effet, 20 × 20 = 400, et que 21 × 21 = 441.

EXTRACTION DE LA RACINE CARRÉE DES NOMBRES DE PLUS DE DEUX CHIFFRES.

221. *D.* Quel est le procédé à suivre pour extraire la racine carrée des nombres de plus de deux chiffres ?

RÈGLE GÉNÉRALE.

R. Pour extraire la racine carrée d'un nombre quelconque de plus de deux chiffres, *on sépare d'abord ce nombre en tranches de deux chiffres chacune, à partir de la droite ; puis on extrait la racine du plus grand carré contenu dans la première tranche à gauche* (qui peut n'avoir qu'un seul chiffre); *et on retranche le carré du chiffre trouvé, de cette première tranche.*

Ensuite, à côté du reste, on abaisse la tranche suivante dont on sépare le dernier chiffre à droite; on divise alors la partie à gauche de ce chiffre par le double de la racine déjà trouvée; le quotient qu'on obtient ainsi, on l'écrit à droite du chiffre de la racine, puis à côté du double de ce chiffre, et au-dessous de lui-même; on multiplie ensuite le nombre formé du double de la racine et du dernier quotient, par ce quotient; et on en retranche le produit du premier reste suivi de la seconde tranche.

A côté du nouveau reste, on abaisse la troisième tran-

che (s'il y en a plus de deux), *dont on sépare le dernier chiffre; on divise alors la partie à gauche de ce chiffre, par le double de la racine trouvée ; on écrit le quotient à la racine, puis à côté de ce double, et au-dessous de lui-même ; on multiplie ensuite le nombre ainsi formé, par ce quotient; et on retranche le produit du second reste suivi de la troisième tranche.*

Enfin, on continue cette série d'opérations jusqu'à ce qu'on ait abaissé toutes les tranches ; et, si à la fin de toutes ces opérations on n'obtient *aucun reste*, le nombre proposé est *un carré parfait.* S'il vient *un reste* quelconque, le nombre n'est pas un carré parfait ; mais on a toujours *la racine* du plus grand carré contenu dans ce nombre.

Nota. Dans le cours de l'opération, chaque reste qu'on obtient doit toujours être moindre (n° 220) que le *double de la racine trouvée;* autrement, les chiffres de cette racine seraient mal déterminés.

222. *D.* Que résulte-t-il du procédé d'extraction?

R. Il résulte que *le nombre* des chiffres de la racine doit être égal *à celui* des tranches qu'on peut former dans le nombre proposé.

EXEMPLE I.

223. *D. Quelle est la racine carrée du nombre* 1369?

Opération..

	13—69	37 *Racine*
	9	
Premier reste.	46—9	67 *double*
	46—9	7
Reste	0 0	469 *Produit.*

R. D'abord, on sépare ce nombre par tranches;

et comme il en contient *deux*, sa racine ne doit avoir non plus que *deux* chiffres, c'est-à-dire des dizaines et des unités.

Cela posé, on extrait la racine du plus grand carré contenu dans la première tranche à gauche ou dans 13; lequel carré est 9 dont la racine est 3.

Ce chiffre étant trouvé, on l'écrit à la droite du nombre proposé 1369, en les séparant par un trait vertical; puis on retranche son carré 9, de 13; et il vient pour *reste* 4, à côté duquel on abaisse la dernière tranche 69, ce qui donne 469, dont on sépare le dernier chiffre 9.

Ensuite on double le chiffre trouvé 3, ce qui donne 6 qu'on place au-dessous du 3, en les séparant par un trait horizontal; alors on divise 46 par 6 : le quotient 7 qu'il vient ainsi, on l'écrit à la racine, puis à côté de 6, et au-dessous de lui-même; on multiplie ensuite 67 par 7; et on en retranche le produit 469 du nombre 469; ce qui donne pour reste *zéro*.

Donc 37 est *la racine* carrée exacte de 1369 : ce qu'on peut vérifier en élevant ce nombre au carré.

EXEMPLE II.

224. *D. Quelle est ensuite la racine carrée du nombre* 34164025?

Opération.

	34-16-40-25	5845 RACINE.			
	25	108	1164	11685	*Doubles.*
pr. rest. et pr. div.	91-6	8	4	5	
	86-4	864	4656	58425	
2e *reste et* 2e *divid.*	524-0		*Produits.*		
	465-6				
3e *reste et* 3e *divid.*	5842-5				
	5842-5				
RESTE	0				

R. Après avoir séparé ce nombre par tranches, comme il se compose de *quatre* tranches, sa racine aura par conséquent *quatre* chiffres.

Cela posé, on extrait la racine du plus grand carré contenu dans la première tranche à gauche 34, lequel est 25 dont la racine est 5; on écrit ce chiffre à la droite du nombre proposé; on en retranche le carré 25 de 34; et on obtient pour premier *reste* 9, à côté duquel on abaisse la tranche suivante 16, ce qui donne 916, dont on sépare le dernier chiffre 6.

Ensuite, on double le chiffre trouvé 5, ce qui donne 10 qu'on place au-dessous de la racine, en les séparant par un trait horizontal; alors on divise 91 par 5: le quotient 8 qu'il vient ainsi, on l'écrit à la racine, puis à côté du double 10, et au-dessous de lui-même; on multiplie ensuite 108 par 8; on en retranche le produit 864 du nombre 916 : on obtient pour reste 52, à côté duquel on abaisse la *troisième* tranche 40, ce qui donne 5240, dont on sépare le dernier chiffre 0.

On continue de doubler la racine trouvée 58, ce qui

donne 116 qu'on place au-dessous de la ligne de la racine, et à la droite du premier double ; alors on divise 524 par 116 : on obtient ainsi pour quotient 4, qu'on écrit d'abord à la racine, puis à côté du double 116, et au-dessous de lui-même ; ensuite on multiplie 1164 par 4 ; on en retranche le produit 4656 du nombre 5240 : il vient pour reste 584, à côté duquel on abaisse la *quatrième* et *dernière* tranche 25, ce qui donne 58425, dont on sépare le dernier chiffre 5.

Enfin, doublant la racine déjà obtenue 584, ce qui donne 1168 qu'on place toujours au-dessous de la ligne de la racine et à la droite des doubles, et divisant 5842 par 1168, on obtient 5 pour quotient ; on écrit ce quotient à la droite des chiffres de la racine, puis à côté de 1168 et au-dessous de lui même ; on multiplie ensuite 11685 par 5 ; on en retranche le produit 58425 de 58425 : ce qui donne pour reste 0.

Donc, la *racine cherchée* est 5845 : ce qu'on vérifie en élevant cette racine au carré.

225. Remarque. De même que dans la division, on peut abréger considérablement l'opération, en effectuant la multiplication et la soustraction tout à la fois.

Reprenons l'exemple précédent.

Opération.

	34-16-40-25	5845 RACINE.			
pr. reste et pr. div.	91-6	108	1164	11685	*Doubles.*
2e *reste et* 2e *divid.*	5240	8	4	5	
3e *reste et* 3e *divid.*	5842-5				
RESTE	0000 0				

EXEMPLE III.

226. *Quelle est enfin la racine carrée de* 73816?

Opération.

	7-38-16	271 RACINE.	
	33-8	47	541
	91-6	7	1
RESTE	37-5		

R. Après avoir appliqué le procédé ci-dessus, on obtient pour *racine* 271 et pour *reste* 375; ce qui prouve que le nombre proposé 73816 n'est pas un *carré parfait.*

EXTRACTION DE LA RACINE CARRÉE PAR APPROXIMATION.

227. *D.* Lorsqu'un nombre proposé n'est pas un carré parfait, comment se fait l'approximation de sa racine?

R. Cette *approximation* se fait en décimales, comme le quotient d'une division. Pour cela, *on ajoute d'abord à la droite du nombre proposé, deux fois autant de zéros qu'on veut avoir de chiffres décimaux à la racine; ensuite on fait l'opération comme à l'ordinaire; et on sépare enfin sur la droite de la racine, le nombre de chiffre decimaux démandés.*

EXEMPLE I.

228. *D.* Cela posé, *quelle est la racine carrée du nombre* 765, *à moins d'un millième près?*

R, D'abord comme la racine cherchée doit se composer de *trois* chiffres décimaux, il faut donc écrire *six* zéros à la droite de 765, ce qui donne 765000000;

et opérer ensuite sur ce nombre comme précédemment.

Opération.

```
        7-65-00-00-00    | 27,658 RACINE.
        36-5             |-------------------------------
         360-0           | 47 | 546 | 5525 | 55308 |
          32 40-0           7 |   6 |    5 |     8 |
           4 77 50-0
RESTE        35 03 6
```

L'opération terminée on trouve 27,658 pour la *racine demandée;* c'est-à-dire, que la racine de 765 est comprise entre 27,658 et 27,659.

229. *D.* Si le nombre proposé était déjà décimal, cemment opérerait-on ?

R. On commencerait toujours par ajouter des zéros en suffisante quantité, pour que ce nombre contienne *un nombre* de chiffres décimaux double de *celui* qu'on voudrait avoir à la racine; ensuite on ferait l'opération comme dessus.

EXEMPLE II.

Ainsi, *supposons qu'il s'agisse d'extraire la racine carrée du nombre* 7,375 , *à moins d'un dix millième prés ?*

Opération.

```
        7-37-50-00-00    | 2,7156 RACINE.
        33-7             |-------------------------------
         85-0            | 47 | 541 | 5425 | 54306 |
         30 90-0            7 |   1 |    5 |     6 |
           3 77 50-0
RESTE      51 66 4
```

Ici, puisque le nombre proposé contenait déjà *trois* chiffres décimaux, et qu'il en fallait *quatre* à la racine, on a donc ajouté d'abord *cinq* zéros à ce nombre; ensuite on a opéré comme dessus, et enfin, l'opération terminée, on obtient 2,7156 pour la *racine demandée*.

230. Remarque. On conçoit que si le nombre proposé était *une fraction décimale proprement dite*, le procédé serait absolument le même; excepté que la racine ne donnerait point d'entiers.

231. *D.* Pour terminer l'extraction de la racine carrée, nous demanderons comment on obtiendrait en décimales la racine carrée d'un nombre fractionnaire, ou d'une fraction ordinaire?

R. Au préalable, il faudrait convertir ces fractions en parties décimales, en poussant l'opération jusqu'à ce qu'on obtînt un *nombre* de chiffres décimaux double de *celui* qu'on voudrait avoir à la racine; et opérer ensuite comme dans les exemples précédents.

EXEMPLE I.

232. *D. Quelle est d'abord la racine carrée de* 8 $\frac{5}{7}$ *ou* $\frac{61}{7}$, *à un millième près?*

R. On convertit d'abord ce nombre fractionnaire en parties décimales, ce qui donne 8,714285; et ensuite on opère comme pour le nombre décimal.

L'opération terminée, on obtient 2,953 pour *la racine demandée*.

EXEMPLE II.

233. *D. Quelle est enfin la racine carrée de la fraction* $\frac{3}{7}$ *à un dix millième près?*

R. Après avoir converti cette fraction, ce qui donne

0,42857142, on extrait la racine de ce nombre; et, l'opération terminée, on obtient 0,6546 pour *la racine demandée.*

234. Remarque. Si, par exemple, en convertissant un nombre fractionnaire ou une fraction, on obtenait un quotient exact avant d'avoir obtenu *nn nombre décimal nécessaire* pour opérer l'extraction demandée, cela ne ferait rien au procédé : car il suffirait toujours d'ajouter à ce quotient, des zéros, *en suffisante quantité*, pour qu'il eût *un nombre* de chiffres décimaux double de *celui* qu'il faudrait à la racine. On ferait ensuite l'opération comme précédemment. (*Voyez mon Arithmétique pour la démonstration de toutes ces propriétés.*)

Exercices sur la racine carrée.

I. *D.* Quelle est la *racine carrée* du nombre 7569?
II. *D.* Quelle est *celle* de 948, à 0,01 près?
III. *D.* Quelle est *celle* de 86472, à 0,001 près?
IV. *D.* Quelle est *celle* du nombre 76807696?
V. *D.* Quelle est *celle* de 5,472, à 0,0001 près?
VI. *D.* Quelle est *celle* de 0,49, à 0,00001 près?
VII. *D.* Quelle est *celle* de 28 $\frac{7}{12}$, à 0,001 près?
VIII. *D.* Quelle est *celle* de $\frac{13}{16}$, à 0,0001 près?
IX. *D.* Quelle est *celle* de 81,8786, à 0,01 près?
X. *D.* Quelle est enfin *celle* de 1, à 0,00001 près?

Problèmes sur la racine carrée.

I. On demande le *nombre* d'arbres qu'il faudra planter sur chaque côté d'un terrain carré qui doit en contenir en tout 30625?

Réponse 175 arbres.

II. On propose d'entourer de murs un terrain

carré qui renferme 2000 mètres de superficie : quelle sera la *longueur* des murs, à 0,01 *près?*

Réponse 44 m. 72 c.

III. On demande combien chaque côté d'un parterre carré a de *longueur*, sachant que la superficie de ce parterre est de 1845 m. 75 c.?

IV. Un bassin de forme circulaire ayant 4275 mètres de superficie, quelles seraient ses *dimensions* s'il était converti en un carré?

V. Combien *fraudra-t-il* payer pour faire crêpir les murs d'un jardin de 19765 m. 45 c. de superficie, sachant que le prix de chaque mètre carré est 1 fr. 875 ?

FORMATION DU CUBE ET EXTRACTION DE LA RACINE CUBIQUE DES NOMBRES.

235. *D.* Qu'est-ce-que lè cube d'un nombre?

R. Le *cube* ou la *troisième* puissance d'un nombre est le produit de la multiplication de ce nombre deux fois par lui-même?

236. *D.* Qu'est-cé-que la racine cubique d'un nombre ?

R. La racine cubique ou 3e d'un nombre, est un autre nombre qui, élevé au cube ou multiplié deux fois par lui-même, reproduit le nombre proposé.

Ainsi, 8 a pour cube d'abord 8 fois 8 ou 64, plus 8 fois 64 ou 512 ; et réciproquement, la racine cubique de 512 est 8. De même, le cube de 15 est 15 × 15 × 15 ou 225, et réciproquement la racine cubique de 225 est 15. Enfin, $\frac{5}{6}$ a pour cube $\frac{5 \times 5 \times 5}{6 \times 6 \times 6}$ ou $\frac{125}{216}$; et réciproquement, la racine cubique de $\frac{125}{216}$ est $\frac{5}{6}$.

Nota. D'où l'on voit que la formation du carré d'un nombre soit entier ou fractionnaire, se réduit seulement à deux multiplications de ce nombre, ou à la multiplication du carré de ce nombre par lui-même.

237. *D*. Quels sont les cubes des neuf premiers nombres : 1, 2, 3, 4, 5, 6, 7, 8, 9?

R. Ces cubes sont :

1, 8, 27, 64, 125, 216, 343, 512, 729.

238. *D*· D'après l'inspection de ces deux lignes, quelle remarque fait-on?

R. On remarque que, parmi les nombres entiers *d'un*, de *deux* et de *trois* chiffres, il n'y *en* a que *neuf* qui sont des *cubes parfaits*; les autres ont pour *racine* cubique un nombre entier plus une fraction.

Ainsi, 48, par exemple, qui est compris entre 27 et 64, dont les racines cubiques sont 3 et 4, a pour *racine cubique* 3 plus une fraction.

239. *D*. Quel nom porte la racine cubique d'un nombre entier qui n'est pas un cube parfait?

D. Cette racine s'appelle *nombre irrationnel* ou *incommensurable*.

240. *D*. Quelle est la différence qui existe entre les cubes de deux nombres entiers consécutifs?

La différence qu'il y a entre les cubes de deux nombres entiers qui se suivent, est égale à *trois fois le carré du plus petit nombre, plus trois fois ce même nombre, plus un*.

Ainsi, la différence entre les cubes de 2 et 3 est égale $2 \times 2 \times 3 + 3 \times 2 + 1$ ou 19; puisqu'en effet, le *cube* de 2 est 8, et que *celui* de 3 est 27.

EXTRACTION DE LA RACINE CUBIQUE DES NOMBRES DE PLUS DE TROIS CHIFFRES.

241. *D.* Quel est le procédé pour extraire la racine cubique des nombres de plus de trois chiffres?

RÈGLE GÉNÉRALE.

R. Pour extraire la racine cubique d'un nombre quelconque de plus de trois chiffres, *on sépare d'abord ce nombre en tranches de trois chiffres chacune, à partir de la droite; puis on extrait la racine du plus grand cube contenu dans la première tranche à gauche* (qui peut n'avoir qu'un seule chiffre); *et on retranche le cube du chiffre trouvé, de cette même tranche.*

Ensuite, à côté du reste, on abaisse la tranche suivante dont on sépare les deux derniers chiffres à droite; on divise la partie à gauche de ces chiffres par le triple carré du chiffre déjà trouvé à la racine; on écrit le quotient à la droite de ce chiffre; et on forme le cube de ces deux chiffres. Si ce cube est plus fort que l'ensemble des deux premières tranches du nombre proposé, on diminue le quotient obtenu d'une ou de plusieurs unités, jusqu'à ce que, d'ailleurs, on obtienne un cube moindre que l'ensemble de ces deux tranches: alors on fait la soustraction; et on abaisse à côté du reste la troisième tranche (s'il y en a plus de deux) *dont on sépare encore les deux derniers chiffres; ensuite on divise la partie à gauche de ces chiffres par le triple carré des chiffres déjà trouvés; le quotient qu'on obtient ainsi, on l'écrit à la racine; puis on élève au cube l'ensemble des chiffres de la racine; et on retranche ce cube des trois premières tranches.*

Enfin, on continue cette série d'opérations jusqu'à ce qu'on ait abaissé toutes les tranches; et, si à la fin de toutes ces opérations, on obtient *aucun reste*, le nombre proposé est *un cube parfait*. S'il vient *un reste* quelconque, le nombre n'est pas un cube parfait; mais on a toujours *la racine* du plus grand cube contenu dans ce nombre.

Nota. Dans le cours de l'opération, chaque reste qu'on obtient doit toujours être moindre (nº 240) que *le triple carré de la racine touvée, plus trois fois cette même racine, plus un;* autrement, les chiffres seraient mal déterminés.

242. *D.* Que résulte-t-il du procédé d'extraction de la racine cubique?

R. Il résulte que *le nombre* des chiffres de la racine doit être égal à *celui* des tranches qu'on peut former dans le nombre proposé.

EXEMPLE 1.

243. *D. Quelle est la racine cubique du nombre 50653?*

Opération.

	50—653	37 *racine*	
	27	27	37
Premier reste.	236—53		37
			259
			111
	50653		1369
	50653		37
RESTE.	00000		9583
			4107
	Cube de la racine.		50653

R. D'abord, on sépare ce nombre par tranches; et

comme il en contient *deux*, sa racine ne doit avoir non plus que deux chiffres, c'est-à-dire des dizaines et des unités.

Cela posé, on extrait la racine du plus grand cube contenu dans la première tranche à gauche ou dans 50; lequel cube est 27 dont la racine est 3.

Ce chiffre étant trouvé, on l'écrit à la droite du nombre proposé 50653, en les séparant par un trait vertical; puis on retranche son cube 27, de 50; et il vient pour *reste* 23, à côté duquel on abaisse la dernière tranche 653, ce qui donne 23653, dont on sépare les deux derniers chiffres.

Ensuite on forme le triple carré du chiffre trouvé 3, ce qui donne 27, qu'on place au-dessous de la racine, en les séparant par un trait horizontal; alors on divise 236 par 27 : le quotient 7 qu'il vient ainsi, on l'écrit à la racine; puis pour vérifier si ce chiffre est exact, on élève la racine au cube; et on retranche ce cube 50653 du nombre proposé 50653 : ce qui donne pour *reste* zéro.

Donc 37 est *la racine* cubique exacte de 50653.

EXEMPLE II.

244. *D. Quelle est la racine cubique d'un nombre de plus de six chiffres, par exemple, de* 307546875?

Opération.

	307—546—875	675 RACINE.	
	216	108—13467 *Triples carrés.*	
pr. reste et pr. divid.	915—46		675
		67	675
	307546	67	3375
	300763	469	4725
2e *reste et* 2e *divid.*	67838—75	402	4050
		4489	455625
	307546875	67	675
	307546875	31423	2278125
RESTE.	0	26934	3189375
	pr. cub.	300763	2733750
		2e *cube*	307546875

R. Après avoir séparé ce nombre par tranches, comme il en renferme *trois,* sa racine aura donc trois chiffres.

Cela posé, on extrait la racine du plus grand cube contenu dans la première tranche à gauche 307, lequel est 216 dont la racine est 6; on écrit ce chiffre à la droite du nombre proposé; on en retranche le cube 216, de 307; et on obtient pour premier reste 91, à côté duquel on abaisse la tranche suivante 546, ce qui donne 91546, dont on sépare les deux derniers chiffres 46.

Ensuite, on forme le triple carré du chiffre trouvé 6, ce qui donne 108 qu'on place au-dessous de la racine, en les séparant par un trait horizontal; alors on divise 915 par 108 : le quotient 7 qu'on obtient ainsi, on l'écrit à droite de celui de la racine, puis pour s'assurer si ce chiffre est le véritable, on élève au cube les chiffres obtenus 67, et il vient 300763; on retranche ce nombre des deux premières tranches 307546;

et on obtient pour second reste 6783, à côté duquel on abaisse la dernière tranche 875 ce qui donne 6783875, dont on sépare les deux derniers chiffres 75.

Enfin, on forme le triple carré des chiffres 67 de la racine, ce qui donne 14467 qu'on place au-dessous de la racine; alors on divise 67838 par 14467; le quotient 5 qu'il vient ainsi, on l'écrit à la droite des deux autres; puis pour s'assurer que ce chiffre est exact, on forme le cube des trois chiffres trouvés 675, ce qui donne 307546875. Retranchant ce cube du nombre proposé, comme on obtient pour reste *zéro*, on conclut que 675 est la *racine* exacte de 307546875.

EXTRACTION DE LA RACINE CUBIQUE PAR APPROXIMATION.

245. *D*. Lorsqu'un nombre proposé n'est pas un cube parfait, comment se fait l'approximation de sa racine?

R. Cette approximation se fait en décimales, comme *celle* de la racine carrée. Pour cela, *on commence par ajouter à la droite du nombre proposé, trois fois autant de zéros qu'on veut avoir de chiffres décimaux à la racine; ensuite on fait l'opération comme à l'ordinaire; et on sépare enfin sur la droite de la racine, le nombre de chiffres décimaux demandé.*

EXEMPLE I.

246. *D*. Cela posé, *quelle est la racine cubique du nombre* 2485, *à moins d'un centième près.*

R. D'abord, comme la racine cherchée doit se composer de *deux* chiffres décimaux, il faut donc écrire *six* zéros à la droite de 2485, ce qui donne

2485000000 ; et opérer ensuite comme précédemment.

Opération.

	2-485-000-000	13,54 RACINE.		
	1	3-507-54675 *triples carrés.*		
pr. r. et pr. div.	14-85	13	135	1354
	2485	13	135	1354
	2197	39	675	5416
2e *reste et* 2e *divid.*	2880-00	13	405	6770
		169	135	4062
	2485000	13	18225	1354
	2460375	507	135	1833316
3e *reste et* 3e *divid.*	246250-00	169	91125	1354
		2197	54675	7333264
	2485000000		18225	9166580
	2482309864		2460375	5499948
RESTE.	2690136			1833316
				2482309864

Donc, *la racine demandée* est 13,54; c'est-à-dire que la racine cubique de 2485 est comprise entre 13,54 et 13,55.

247. *D.* Si le nombre proposé était déjà décimal, comment opèrerait-on?

R. On commencerait toujours par ajouter des zéros en suffisante quantité, pour que ce nombre contienne *un nombre* de chiffre décimaux triple de *celui* qu'on voudrait avoir à la racine; ensuite on ferait l'opération comme dessus.

Ainsi, *supposons*, pour exemple, *qu'il s'agisse d'extraire la racine cubique de 9,48, à un millième près?*

Ici, puisque le nombre proposé contient déjà deux chiffres décimaux, et qu'il en faut *trois* à la racine, on doit donc, au préalable, ajouter *sept* zéros à la droite de 9,48 ; ce qui donne 9480000000 ; ensuite on fait l'opération comme dessus.

248. Remarque. On conçoit que si le nombre proposé était une fraction décimale proprement dite, le procédé serait absolument le même ; excepté que la racine ne donnerait point d'entiers.

249. *D.* Pour terminer l'extraction de la racine cubique, nous demanderons comment on obtiendrait en décimales la racine cubique d'un nombre fractionnaire, ou d'une fraction ordinaire?

R. Il faudrait, comme pour la racine carrée, convertir d'abord ces fractions en parties décimales, en poussant l'opération jusqu'à ce qu'on obtînt *un nombre* de chiffres décimaux triple de *celui* qu'on voudrait avoir la racine; et ensuite opérer comme dans les exemples précédents.

250. *D.* Ainsi, quelle est d'abord la racine cubique de $32 \frac{5}{7}$ ou $\frac{229}{7}$, *à un millième près?*

R. On convertit d'abord ce nombre fractionnaire en parties décimales, ce qui donne 32,714285714 ; et ensuite on opère comme pour le nombre décimal.

L'opération terminée, on obtient 3,197 pour *la racine demandée.*

251. *D.* Quelle est enfin la racine cubique de $\frac{3}{7}$, *à un dix millième près?*

R. Après avoir converti cette fraction, ce qui donne 0,428571428571, on extrait la racine de ce nombre ; et l'opération terminée, on obtient 0,7539 pour *la racine demandée.*

252. Remarque. Si, par exemple, en convertissant un nombre fractionnaire ou une fraction, on obtenait un quotient exact avant d'avoir obtenu *un nom-*

bre décimal nécessaire pour opérer l'extraction demandée, cela ne ferait rien au procédé : car il suffirait toujours d'ajouter à ce quotient, des zéros *en suffisante quantité,* pour quil y eût *un nombre* de chiffres décimaux triple de *celui* qu'il faudrait à la racine. On ferait ensuite l'opération comme précédemment. (*Les principes précédents sont démontrés dans mon Arithmétique.*

Exercices sur la racine cubique.

I. *D.* Quelle est la *racine cubique* de 262144?

II. *D.* Quelle est *celle* de 6280426125?

III. *D.* Quelle est *celle* de 1672408, à 0,01 *près?*

IV. *D.* Quelle est *celle* de 81, à 0,001 *près?*

V. *D.* Quelle est *celle* de 7654. 85, à 0,01 *près?*

VI. *D.* Quelle est *celle* de 0, 7632, à 0,0001 *près?*

VII. *D.* Quelle est *celle* de 24 $\frac{5}{7}$ à 0,001 *près?*

VIII. *D.* Quelle est *celle* de $\frac{7}{16}$, à 0,0001 *près?*

IX. *D.* Quelle est *celle* de 5 $\frac{2}{5}$, à 0,001 *près?*

X. *D.* Quelle est enfin *celle* de 3,678426, à 0,01 *près?*

Problèmes sur la racine cubique.

I. Un bloc de pierre de forme cubique contient 750 mètres cubes ; on demande les *dimensions* de ce bloc, *à* 0,01 *près?*

Réponse 9 m. 08 c.

II. Un énorme tas de pierre a 47 m. 75 c. de longueur, 28 m. 25 de largeur, et 16 m. 50 de hauteur moyenne. On propose de le convertir en forme cubique; quelles seront alors ses *dimensions?*

Réponse. Il faut d'abord faire le produit des trois dimensions données, et en extraire ensuite la racine.

III. Pour faire une cave de forme cubique, on doit

extraire 2750 mètres cubes de terre; quelles seront les *dimensions* de cette cave, *à* 0,01 *près?*

IV. Une citerne de forme cubique contient 2875 mètres cubes d'eau (où 2875000 litres); quelles sont les *dimensions* de cette citerne, *à* 0,001 *près?*

V. Quelle sera la *hauteur* ou l'*épaisseur* d'un bloc de marbre formant un cube parfait, sachant que sa cubature égale celle d'un autre bloc qui a 3 m. 45 de long, 2, m. 50 de large, et 0 m. 85 c. d'épaisseur?

CHAPITRE VI.

DES RAPPORTS ET DES PROPORTIONS.

253. *D.* Qu'est-ce qu'on appelle rapport?

R. On appelle *rapport,* le résultat de la comparaison de deux quantités ou de deux nombres de même espèce.

254. *D.* Combien y a-t-il de sortes de rapports?

R. Il y a *deux* sortes de rapports : le *rapport par différence,* et le *rapport par quotient.*

255. *D.* Qu'est-ce qu'un rapport par différence?

R. Un rapport par différence est ce qui exprime combien une quantité en surpasse une autre de même nature.

256. *D.* Qu'est-ce qu'un rapport par quotient?

R. Un rapport par quotient est ce qui exprime combien une quantité en contient une autre de même nature.

257. *D.* Comment appelle-t-on les deux termes d'un rapport?

R. On appelle le premier *antécédent*, et le second *conséquent.*

258. *D.* Quel changement produit-on dans un rapport par différence si on ajoute à chacun de ses deux termes, ou qu'on en retranche *un même nombre?*

R. Ce rapport ne change pas, puisqu'en effet la différence reste toujours la même.

259. *D.* Quel changement opère-t-on dans un rapport par quotient, si on multiplie ou divise ses deux termes par un même nombre?

R. Ce rapport n'éprouve non plus aucun changement, d'après le principe qu'*on peut* multiplier ou diviser les deux termes d'une division à effectuer, sans altérer la valeur du quotient.

DES PROPORTIONS.

260. *D.* Qu'est-ce qu'on appelle proportion?

R. On appelle *proportion*, l'égalité de deux rapports, soit par différence, soit par quotient.

261. *D.* Qu'est-ce qu'une proportion par différence?

R. Lorsque *quatre* nombres écrits sont *tels* que la *différence* des deux premiers est égale à *celle* des deux derniers, ces quatre nombres forment *une proportion par différence*, ou plutôt une *équidifférence*, comme étant l'expression de deux différences égales.

Ainsi, les quatre nombres 15, 8, 27, 20, forment une *équidifférence;* parce que la différence de 15 à 8 est 7, comme celle de 27 à 20.

262. *D.* Comment écrit-on et comment énonce-t-on une proportion par différence?

R. On l'écrit ainsi qu'il suit :

15 . 8 : 27 . 20,

en plaçant *un point* entre le premier et le second terme, *deux points* entre le deuxième et le troisième, et *un autre point* entre le troisième et le quatrième;

Et on l'énonce de cette manière :

15 *est à* 8 *comme* 27 *est à* 20

263. *D.* Quels noms donne-t-on aux quatre termes d'une proportion?

R. Le premier et le dernier terme d'une proportion se nomment *extrêmes;* le deuxième et le troisième s'appellent *moyens.*

264. *D.* Qu'est-ce qu'une proportion par quotient?

R. Lorsque *quatre* nombres écrits sont *tels* que le *quotient* des deux premiers est égal à *celui* des deux derniers, ces quatre nombres forment une *proportion par quotient,* ou plutôt un *équiquotient*, comme étant l'expression des deux quotients égaux.

Ainsi, les quatre nombres 24, 8, 45, 15, forment un *équiquotient;* parce que le *quotient* de 24 par 8 est 3, comme *celui* de 45 par 15.

265. *D.* Comment écrit-on et comment énonce-t-on une proportion par quotient?

R. On l'écrit ainsi qu'il suit :

24 : 8 :: 45 : 15,

en plaçant *deux points* entre le premier et le second terme, *quatre points* entre le deuxième et lé troisième, et *deux autres points* entre le troisième et le quatrième;

Et on l'énonce d'ailleurs comme la proportion par différence :

24 *est à* 8 *comme* 45 *est à* 15.

Les noms des quatre termes d'un équiquotient sont *les mêmes* que ceux d'une équidifférence.

DES PROPORTIONS PAR DIFFÉRENCE OU DES ÉQUIDIFFÉRENCES.

266. *D.* Qu'est-ce qu'une équidifférence?

R. *L'équidifférence*, comme nous l'avons dit (n° 261), est l'expression de deux différences égales.

267. *D.* Quelle est la propriété fondamentale des équidifférences?

R. La propriété fondamentale des équidifférences est que *la somme des extrêmes égale celle des moyens.*

Ainsi, *dans l'équidifférence ci-dessus :* 15. 8 : 27. 20, on a évidemment : 15 + 20 = 27 × 8.

268. *D.* Que résulte-t-il de cette propriété?

R. Il résulte que, réciproquement, si quatre nombres écrits les uns à la suite des autres sont tels que *la somme du premier et du dernier est égale à celle du deuxième et du troisième,* ces quatre nombres forment une *équidifférence.*

269. *D.* Que résulte-t-il encore?

R. Il résulte encore que, connaissant *trois* termes d'une équidifférence, on obtiendra le *quatrième,* si c'est *un extrême*, en retranchant l'extrême connu de la somme des moyens; et, si c'est *un moyen*, en retranchant le moyen connu de la somme des extrêmes.

Ainsi, par exemple, dans l'équidifférence : 48.32:

36 . x (1), on a, d'après le principe, $x + 48 = 32 + 36$;
D'où......... $x = 32 + 36$ ou $68 - 48 = 20$.

Donc, *l'extrême cherché* est 20.

Ce qui donne l'équidifférence : 48.32 : 36.20.

270. Remarque. On conçoit, d'après ce qui précède, que, si les deux termes moyens d'une équidifférence étaient égaux, comme dans celle-ci : 48 . 36 : 36 . 24, alors l'un des moyens serait égal à la demi-somme des extrêmes.

Ainsi, *dans l'équidifférence* : 72 . x : x . 56,

On a..... $72 + 56$ ou $128 = x + x$ ou $2x$;

D'où..... $x = \frac{128}{2} = 64$.

271. *D.* Quelle nom porte cette equidifférence?

R. Elle s'appelle *équidifférence continue;* et l'un quelconque des moyens prend le nom de *moyen différentiel.*

272. *D.* Quelles autres propriétés renferme l'équidifférence?

R. Dans une équidifférence quelconque, on peut *augmenter ou diminuer les deux antécédents, augmenter ou diminuer les conséquents, augmenter ou diminuer les deux premiers termes, augmenter ou diminuer les deux derniers, d'un même nombre, sans que, pour cela, l'équidifférence cesse d'exister; parce qu'en effet, par ces diverses transformations, on augmente ou on diminue toujours également la somme des extrêmes et celle des*

(1) Il est d'usage de se servir de la lettre x pour représenter le terme inconnu.

moyens; et, puisque l'égalité des deux sommes n'est point troublée, il en est de même de l'équidifférence d'après la réciproque de la propriété fondamentale, (nº 268.)

273. *D.* Sont-ce là les seules propriétés dont jouit l'équidifférence.

R. On peut aussi intervertir *l'ordre* des deux extrêmes, *celui* des deux moyens, *mettre* les extrêmes à la place des moyens, ou réciproquement, sans troubler l'équidifférence; puisqu'après toutes ces mutations, la *somme* des extrêmes reste égale à *celle* des moyens.

Nota. D'ailleurs, en général, quelle que soit la transformation qu'on fasse subir à une équidifférence, elle n'est point détruite, si la *somme* des extrêmes égale toujours *celle* des moyens.

274. *D.* Que résulte-t-il de ces considérations?

R. Il résulte qu'une équidifférence étant donnée, on en peut faire *sept* autres de même valeur, par le seul déplacement des termes.

EXEMPLE

Soit l'équidifférence :	25 . 15 : 30 . 20,
1º Changeant les moyens de place, on a :	25 . 30 : 15 . 20;
2º Mettant les moyens à la place des extrêmes :	30 . 25 : 20 . 15;
3º Changeant les moyens de place :	30 . 20 : 25 . 15;
4º Mettant les moyens à la place des extrêmes :	20 . 30 : 15 . 25;
5º Changeant les moyens de place :	20 . 15 : 30 . 25;

6° Mettant les moyens à la place des extrêmes : 15 . 20 : 25 . 30;

7° Enfin, changeant les moyens de place : 15 : 25 : 20 . 30.

Nota. Il est facile de voir qu'on ne pourrait faire d'autre mutation sans tomber dans l'une quelconque de ces équidifférences.

DES ÉQUIQUOTIENTS QU'ON APPELLE PLUS SIMPLEMENT PROPORTIONS.

275. Qu'est-ce-qu'un équiquotient ou une proportion ?

R. On appelle *proportion*, comme nous l'avons dit (n° 264), l'expression de deux quotients égaux.

276. *Nota.* Avant de développer les principales propriétés des proportions, nous ferons observer que le *rapport commun* qui existe entre les deux premiers termes et entre les deux derniers d'une proportion quelconque, peut bien être ou *un nombre entier*, ou *un nombre fractionnaire*, ou *une fraction* proprement dite (1).

Ainsi, *dans les trois proportions :*

36 : 6 :: 42 : 7.
15 : 8 :: 75 : 40,
7 : 10 :: 21 : 30,

Le *rapport commun* de la première est le nombre entier 6, *celui* de la seconde est le nombre fraction-

---

(1) Ce que nous aurions pu faire observer aussi dans les proportions par différence, si elles étaient d'une plus grande utilité.

naire $\frac{15}{8}$, et enfin *celui* de la troisième est la fraction $\frac{7}{10}$.

277. *D.* Quelle est la propriété fondamentale des proportions?

R. La propriété fondamentale des proportions est que le *produit* des extrêmes égale *celui* des moyens.

Ainsi, dans les proportions ci-dessus, on a pour la première : $36 \times 7 = 42 \times 6$; pour la seconde : $15 \times 40 = 75 \times 8$; et, pour la dernière : $30 \times 7 = 21 \times 10$.

Ce qu'il est facile de vérifier.

278. *D.* Que résulte-t-il de cette propriété?

R. Il résulte que si, quatre nombres écrits les uns à la suite des autres, sont tels que *le produit du premier et du dernier est égal à celui du second et du troisième*, ces quatres nombres forment une *proportion.*

279. *D.* Que résulte-t-il encore?

R. Il résulte encore que, connaissant *trois* termes d'une proportion quelconque, on obtiendra le *quatrième, si c'est un extrême,* en divisant le produit des moyens par l'extrême connu ; et, si c'est un moyen, en divisant le produit des extrêmes par le moyen connu.

EXEMPLE I.

280. *Soit d'abord la proportion* :	$72 : 9 :: 56 : x$.
On a, d'après le principe,	$72 \times x = 56 \times 9$ ou 504 ;
D'où.	$x = \frac{504}{72} = 7$;
Donc *l'extrême cherché* est.	7.
Ce qui donne la proportion :	$72 : 9 :: 56 : 7$.

EXEMPLE II.

281. *Soit ensuite la proportion :* $45 : 15 :: x : 50$.

On a............ $15 \times x = 45 \times 50$ ou 2250;

D'où............ $x = \frac{2250}{15} = 150$;

Donc, le *moyen cherché* est............ 150.

Ce qui donne la proportion : $45 : 15 :: 150 : 50$.

282. Remarque. On conçoit, d'après ce qui précède, que, si les deux termes moyens d'une proportion étaient égaux, comme dans celle-ci : $12 : 36 :: 36 : 108$, alors l'un des moyens serait égal à la racine carrée du produit des extrêmes; puisque le produit des moyens n'est autre chose que le carré de l'un d'eux.

Ainsi, *dans la proportion :* $25 : x :: x : 625$,

On a........ $x \times x \times$ ou $x^2 = 625 \times 25 = 15625$;

D'où .... $x = \sqrt{15625} = 125$;

Donc, le *terme moyen cherché* est 125.

Ce qui donne la proportion : $25 : 125 :: 125 : 625$.

283. *D*. Quel nom porte cette proportion?

R. Elle s'appelle *proportion continue;* et l'un quelconque des moyens prend le nom de *moyen proportionnel*.

DIVERSES PROPRIÉTÉS DES PROPORTIONS, OU CONSÉQUENCES DE LA PROPRIÉTÉ FONDAMENTALE ET DE SA RÉCIPROQUE.

284. *D*. Quelles sont les autres propriétés des proportions?

R. Les autres propriétés des proportions sont au nombre de *six* principales, que nous allons exposer successivement.

285. I. *D*. Quel est le but de la première propriété ?

R. Le but de la première propriété est qu'*on peut multiplier ou diviser les deux premiers ou les deux derniers termes d'une proportion, par un même nombre, sans altérer sa valeur*.

286. II. *D*. Quel est celui de la seconde?

R. Celui de la seconde propriété est qu'*on peut multiplier ou diviser les deux antécédents, ou les deux conséquents, par un même nombre, sans altérer la proportion*.

287. III. *D*. Quel est le but de la troisième propriété ?

R. Dans la troisième propriété, on peut, comme dans l'équidifférence, *intervertir l'ordre des extrêmes, celui des moyens, mettre les moyens à la place des extrêmes, sans que la proportion cesse d'exister*.

Nota. A l'aide d'une proportion quelconque donnée, nous pourrions, comme dans l'équidifférence, en former sept autres différentes.

288. IV. *D*. Quel est le but de la quatrième propriété ?

R. Le but de la quatrième propriété est que, dans toute proportion, *la somme ou la différence des deux premiers termes est au second ou au premier terme, comme la somme ou la différence des deux derniers est au quatrième ou au troisième*.

289. V. *D*. Quel est celui de la cinquième propriété ?

R. Dans la cinquième propriété, *la somme ou la différence des antécédents est à la somme ou à la différence des conséquents, comme un quelconque des antécédents est à son conséquent.*

290. VI. *D.* Quel est enfin le but de la sixième propriété ?

R. Le but de la sixième et dernière propriété est que, *si l'on a deux ou plusieurs proportions, et qu'on les multiplie par ordre,* c'est-à-dire qu'*on fasse le produit des antécédents de chacune ainsi que celui des conséquents, ces produits seront encore en proportion.*

(*Voyez mon Traité d'Arithmétique pour la démonstration de toutes ces propriétés*).

291. *D.* Quelle conséquence tire-t-on de cette dernière propriété?

R. Il résulte de cette dernière propriété que, lorsque quatre nombres sont en proportion, les carrés, les cubes, et, en général, les puissances semblables de ces nombres, sont aussi en proportion; puisque, pour former ces puissances, il ne faut que multiplier la proportion par elle-même plusieurs fois de suite successivement.

Réciproquement, lorsque quatre nombres sont en proportion, les racines carrées, cubiques, etc., de ces nombres, sont aussi en proportion.

Nous allons passer maintenant aux règles qui dépendent des proportions.

DES RÈGLES DE TROIS.

292. *D.* Qu'est-ce qu'on appelle règle de trois?

R. On appelle, en général, *règle de trois,* l'opération par laquelle *trois nombres ou trois termes d'une proportion étant donnés*, on parvient à déterminer la valeur du quatrième ou du terme inconnu.

293. *D*. Combien distingue-t-on de règles de trois?

R. On en distingue *trois sortes* : 1° LA RÈGLE DE TROIS SIMPLE DIRECTE ; 2° LA RÈGLE DE TROIS SIMPLE INVERSE ; 3° ET LA RÈGLE DE TROIS COMPOSÉE.

294. *D*. Quel est le but de ces règles?

R. Elles ont toutes pour objet de faire connaître *un terme* d'une proportion dont on *en* connaît *trois*, soit *simples*, comme dans les deux premières, soit *composés*, comme dans la dernière.

REMARQUE.

295. Avant d'entrer dans le calcul des règles de trois, il est nécessaire de faire observer que, dans toute règle de proportions, parmi les trois quantités connues, deux sont toujours de même nature et s'appellent *principales*; la troisième et celle que l'on cherche, qui sont aussi de même espèce, se nomment *relatives*.

Cela posé, une règle de trois simple est dite *directe*, lorsque l'une des quantités principales croît ou décroît, sa correspondante la relative croît ou décroît également : la première principale et sa relative forment alors les antécédents de la proportion ; la seconde principale et sa correspondante (l'inconnue) forment les deux conséquents.

Au contraire, si l'une des quantités principales augmente, sa correspondante diminue ou réciproquement, on dit que la règle de trois est *inverse* : alors la première quantité principale et sa relative forment les deux extrêmes de la proportion ; et les deux autres, les deux moyens.

RÈGLE DE TROIS SIMPLE DIRECTE.

EXEMPLE I.

296. D. *Si* 36 *ouvriers ont fait* 1250 *mètres d'ouvrage en un certain temps; on demande combien* 85 *ouvriers en feraient-ils dans le même temps ?*

R. Dans cet exemple, il est clair que le nombre de mètres doit augmenter à proportion du nombre d'ouvriers; de sorte que la seconde troupe devenant double, triple, etc., de la première, le nombre de mètres qu'elle doit faire sera nécessairement aussi double, triple, etc.; c'est-à-dire que les 36 ouvriers seront contenus dans les 85, comme les 1250 mètres dans les mètres cherchés. Ainsi, la relation étant directe, on a la proportion :

$$36 : 85 :: 1250 : x\,;$$

D'où, $36 \times x = 1250 \times 85$ ou 106250;

Donc, $x = \frac{106250}{36} = 2951{,}39$ (*à* 01 *près.*)

Donc enfin, les 85 ouvriers feraient 2951 m. 39 c. d'ouvrage dans le même temps que les 36 en ont fait 1250 mètres.

297. *D.* N'est-il pas un autre moyen d'effectuer les règles de trois ?

R. Oui; on peut aussi les effectuer *sans le secours des proportions,* et d'une manière même plus simple, comme nous allons le voir.

D'abord, puisque 36 ouvriers font 1250 mètres d'ouvrage pendant un certain temps, il est clair qu'un seul ouvrier n'en doit faire que la 36e partie ou $\frac{1250}{36}$; donc, toutes choses égales, les 85 ouvriers en feront

$\frac{1250}{36} \times 85$, ou $\frac{106250}{36}$, ou enfin 2951 m. 39 c., (comme dessus).

Nota. Ce procédé est sans contredit plus expéditif que celui des proportions; mais il a l'inconvénient de ne pouvoir être général, c'est-à-dire de devenir très-difficile dans les règles de trois composées. Toutefois, on peut toujours le suivre dans les règles de trois simples directes et inverses.

EXEMPLE II.

298. *D. Si un vagon fait* 22 *myriamètres* 775 *en* 8 *heures* $\frac{5}{6}$, *combien en ferait-il en* 15 *heures* $\frac{7}{12}$?

R. Ici, il est encore évident que le nombre de myriamètres cherché doit augmenter à proportion du nombre d'heures; de sorte que la relation étant directe, on a la proportion :

$$8\frac{5}{6} : 15\frac{7}{12} :: 22,775 : x;$$

Ou, changeant les entiers chacun en un seul nombre fractionnaire :

$$\frac{55}{6} : \frac{187}{12} :: 22,775 : x;$$

D'où, $\frac{55}{6} \times x = 22,775 \times \frac{187}{12} = 354,91;$

Donc, $x = 354,91$ *divisé par* $\frac{55}{6} = 40,178$ (*à* 0,001 *près.*)

Donc enfin, le vagon ferait 40 myriam. 178, ou 40 myriam. 1 kilom. 7 hecto et 8 décamètres de chemin, s'il courait consécutivement et avec la même vitesse pendant 15 heures $\frac{7}{12}$.

299. Maintenant, *sans le secours des proportions*, on dirait : puisqu'en $\frac{53}{6}$ d'heures, un vagon a fait

22 myr. 775 de chemin, il est évident qu'en une seule heure, il aurait fait 22,775 *divisé par* $\frac{13}{6}$, ou 2,5783; donc en $\frac{187}{12}$ d'heures il doit en faire 2,5783 $\times \frac{187}{12}$, ou, comme dessus, 40 myriam. 178.

Problèmes sur la règle de trois simple directe.

I. *D.* Si 55 ouvriers faisaient 1800 mètres d'ouvrage pendant un certain temps, *combien* en feraient 270 dans le même temps?

II. *D.* Si pour 8 fr. 75 on a 500 plumes, *combien* en aurait-on pour 25 fr. 50?

III. *D.* En 30 jours, un ouvrier gagne 95 fr. 50, *combien* gagnera-t-il en un an (365 jours), travaillant tous les jours?

IV. *D.* 36 kilog. de pain suffisent pour nourrir 50 hommes par jour, *combien* en faudrait-il de kilog. pour en nourrir 145?

V. *D.* Une hirondelle qui fait 8 kilomètres par 5 minutes, *combien* fera-t-elle de myriamètres dans 2 heures $\frac{5}{6}$?

VI. *D.* Un bateau à vapeur qui fait 8 kilométres en $\frac{2}{3}$ d'heure, *combien* ferait-il de myriamètres dans l'espace de 5 heures $\frac{5}{12}$.

DE LA RÈGLE DE TROIS SIMPLE ET INVERSE.

300. *Nota.* La *règle de trois simple inverse,* comme nous l'avons vu (n° 295), ne diffère de la règle de trois directe, qu'en ce que les deux quantités principales doivent se contenir l'une l'autre, dans un ordre tout opposé à celui des deux quantités relatives.

EXEMPLE I.

301. *D. Si* 48 *hommes ont employé* 60 *jours pour*

faire un certain ouvrage, combien il faudrait d'ouvriers, travaillant également, pour faire le même ouvrage en 16 jours?

R. Dans cet exemple, il est clair qu'il faut d'autant plus d'ouvriers qu'il y a moins de jours; de sorte que le nombre 60 doit contenir 16, comme (n° 295) le nombre d'hommes cherché x contient 48. Ainsi, la relation étant indirecte, on a la proportion :

$$60 : 16 :: x : 48,$$

Ou, mettant les moyens à la place des extrêmes, afin que l'inconnu soit le dernier terme :

$$16 : 60 :: 48 : x;$$

D'où, $16 \times x = 48 \times 60 = 2880;$

Donc, $x = \frac{2880}{16} = 180.$

Donc enfin, en 16 jours, il faudrait 180 ouvriers pour faire ce que font 48 ouvriers en 60 jours.

Sans le secours des proportions.

302 Puisqu'il a fallu 48 ouvriers pour exécuter un certain ouvrage en 60 jours, il est clair qu'en un seul jour, il aurait fallu 48 fois 60, ou 2880; donc, en 16 jours il en faudrait 16 fois moins que 2880, c'est-à-dire $\frac{2880}{16}$, ou 180, comme dessus.

EXMPLE II.

303. D. *Si un équipage de vaisseau n'avait plus que pour 30 jours de vivres, et que cependant il lui fallût tenir encore la mer durant 55 jours, quelle serait alors la ration de chacun par jour?*

R. On conçoit que plus l'équipage resterait en mer, moins la ration de chaque individu sera forte; de sorte que 30 serait contenu dans 55, comme x dans le nombre qui représente chaque ration, c'est-à-dire 1 (parce que l'on prend toujours l'unité dans ces sortes d'exemple).

Ainsi, la relation étant encore indirecte, on a la proportion :

$$30 : 55 :: x : 1,$$

Or, changeant les moyens de place, $55 : 30 :: 1 : x$;

D'où, ... $55 \times x = 30 \times 1 = 30$;

Donc, ... $x = \frac{30}{55} = \frac{6}{11}$.

Donc enfin, la ration de chaque homme doit être réduite aux $\frac{6}{11}$ de la ration ordinaire.

Sans les proportions.

304. Puisque 30 hommes doivent avoir chacun une ration pleine, un seul n'en aurait évidemment que la 30e partie; donc 55 hommes n'en auront que $\frac{30}{55}$, ou, comme dessus, $\frac{6}{11}$.

Problèmes sur la règle de trois simple inverse.

I. *D.* Si 48 ouvriers ont mis 150 jours pour faire un certain ouvrage, *combien* en auraient employé 240?

II. *D.* Si une garnison, qui n'a que pour 80 jours de vivres était bloquée, et que, dans cette position, elle dût rester 120 jours, *à combien* devrait-on réduire la ration de chaque individu par jour?

III. *D.* Si un boulanger était convenu de fournir du pain à 150 ouvriers d'une manufacture, à raison de 7 hecto 50 pour chacun d'eux, et que le nombre d'ouvriers augmentât de 40, sans que pour cela on dût augmenter la quantité de pain; *à combien* faudrait-on réduire la ration de chaque individu par jour?

IV. *D.* S'il faut 875 planches de 30 centimètres de large pour planchéier une salle, *combien* en faudrait-il si leur largeur n'était que de 22 centimètres?

DE LA RÈGLE DE TROIS COMPOSÉE.

305. *D.* Qu'est-ce-que la règle de trois composée ?

R. La *règle de trois composée* a pour but de déterminer le *quatrième* terme d'une proportion, résultante de *deux* ou *plusieurs* autres proportions.

EXEMPLE I.

306. *D. Si* 35 *ouvriers ont fait* 275 *mètres d'ouvrage en* 9 *jours; combien* 60 *ouvriers en feraient-ils en* 15 *jours?*

D. Dans cet exemple, on voit qu'il y a *deux* proportions distinctes, *celle* des ouvriers et *celle* des jours; de plus, elles sont toutes deux *directes*: puisque, d'une part, *plus* il y a d'ouvriers, *plus* on fait d'ouvrage; et, de l'autre, plus il y a de jours à employer, *plus* aussi il en résulte de travaux. Ainsi, on a les deux proportions :

$$35 : 60 :: 275 : x;$$
$$9 : 15 :: x : x' \text{ (ou } x \text{ prime)}$$

Maintenant, multipliant par ordre ou terme à terme ces proportions, il vient : $35 \times 9 : 60 \times 15 :: 275 \times x : x \times x'$,

Ou, supprimant le facteur x parce qu'il est commun (nº 161) aux deux derniers termes, (ce qui revient à diviser ces deux termes par un même nombre) :

$$55 \times 9 : 60 \times \quad :: 275 : x' ;$$

D'où, $55 \times 9 \times x' = 60 \times 15 \times 275$,

ou, affectant les calculs, $515 \times x = 247500$;

Donc, $x = \dfrac{247500}{515} = 785{,}714$ (à 0,001 *près.*)

Donc enfin, les 60 ouvriers, en 15 jours, feraient 785 *mètres* 714 *millimètres* d'ouvrage.

EXEMPLE II.

307. *D. Si un voyageur a fait* 140 *myriamètres de chemin dans l'espace de* 28 *jours, marchant* 10 *heures* $\frac{2}{3}$ *par jour; en combien de jours ferait-il* 250 *myriamètres, s'il marchait* 12 *heures* $\frac{3}{4}$ *par jour?*

R. Cette question renferme également *deux* proportions distinctes, *celle* des myriamètres, et *celle* des heures; mais elles ne sont pas toutes deux *directes* : parce que, d'un côté, s'il faut d'autant *plus* de jours qu'il y a plus de myriamètres à faire; de l'autre côté, il faut d'autant *moins* de jours qu'on marche plus d'heures par jour.

Ainsi, on a successivement les deux proportions :

(*Proportion directe*)....... $120 : 250 :: 28 : x$;

(*Proportion inverse*)........ $10\frac{2}{3} : 12\frac{3}{4} :: x' : x$;

(*ou, mettant les moyens à la place des extrêmes*.......... $12\frac{3}{4} : 10\frac{2}{3} :: x : x'$

Multipliant par ordre les deux proportions : $120 : 250 :: 28 : x$, et $12\frac{3}{4} : 10\frac{2}{3} :: x : x'$, et faisant disparaître le facteur commun x, il vient :

$$120 \times 12\frac{3}{4} : 250 \times 10\frac{2}{3} :: 28 : x';$$

D'où, $x \times 120 \times \frac{51}{4}$ ou $\frac{6120}{4} = 28 \times 250 \times \frac{32}{3}$, ou $\frac{224000}{3}$;

Donc, $x = \frac{224000}{3}$ *divisé par* $\frac{6120}{4}$ ou $\frac{896000}{18360} = 48, \frac{4}{5}$ (*à peu près*).

Donc, enfin, le voyageur mettrait 48 jours $\frac{4}{5}$. (à $\frac{1}{5}$ près.)

EXEMPLE III.

308. *D. Si* 30 *ouvriers, travaillant* 12 *heures par jour, ont mis* 60 *jours pour creuser un canal de* 600 *mètres de longueur,* 4 *mètres de largeur, et* 2 *mètres de profondeur; combien faudra-t-il de jours à* 150 *ouvriers, travaillant* 8 *heures par jour, pour faire un autre canal long de* 900 *mètres, large de* 6 *mètres, et profond de* 3 *mètres, dans un terrain deux fois plus difficile que le premier?*

R. En réfléchissant sur cette question, on reconnaît qu'elle se compose de six proportions : 1° *celle* des ouvriers, 2° *celle* des heures, 3° *celle* de longueur, 4° *celle* de largeur, 5° *celle* de profondeur, 6° et *celle* de la dureté du terrain, dont les unes sont *directes* et les autres *inverses*. Nous allons examiner et disposer successivement chacune de ces proportions; après quoi nous effectuerons l'opération.

1° D'abord, la première proportion est *inverse*; parce que, toutes choses égales, *plus* il y a d'ouvriers, *moins* il faut de jours : donc on a la proportion : $20 : 150 :: x : 60$, ou $75 : 30 :: 60 : x$.

2° Ensuite *plus* on travaille d'heures par jour, *moins* on doit employer de jours; ainsi cette proportion étant encore *inverse*, on a : $12 : 8 :: x'$ (prime) $: x$, ou $8 : 12 :: x : x'$.

3° La troisième proportion est *directe;* car, *plus* le canal a de longueur, toutes choses égales, *plus* nécessairement il faut d'ouvriers : donc on a la proportion : $600 : 900 :: x' \; x''$ (seconde).

3° La quatrième *l*'est aussi, parce qu'il faut d'autant *plus* de jours que le canal a *plus* de largeur ; ainsi, on a la proportion : $4 : 6 :: x'' \; x'''$ (tierce).

5° Par la même raison, *plus* le canal a de profondeur, *plus* aussi il faut de jours ; donc on a encore la proportion *directe :* $2 : 3 :: x''' \; x^{IV}$ (quarte).

6° Enfin, la proportion pour représenter la dureté du terrain est nécessairement *directe;* parce que, toutes choses égales, il faut d'autant *plus* de jours qu'il est *plus* difficile : ainsi, on a la proportion : $1 : 2 :: x^{IV} : x^{V}$ (quinte).

Disposant maintenant ces six proportions les unes au-dessous des autres, il vient :

$$
\begin{array}{rcrcccl}
150 & : & 50 & :: & 60 & : & x, \\
8 & : & 12 & :: & x & : & x', \\
600 & : & 900 & :: & x' & : & x'', \\
4 & : & 6 & :: & x'' & : & x''', \\
2 & : & 3 & :: & x''' & : & x^{IV}, \\
1 & : & 2 & :: & x^{IV} & : & x^{V}.
\end{array}
$$

Ensuite, multipliant par ordre ces six proportions, et ayant soin de supprimer les facteurs communs x, affectés des mêmes signes, on a la proportion composée :

$150 \times 8 \times 600 \times 4 \times 2 \times 1 : 50 \times 12 \times 900 \times 6 \times 3 \times 2 :: 60 : x^{V}$ ou à x;

D'où, $x \times 150 \times 8 \times 600 \times 4 \times 2 \times 1 = 50 \times 12 \times 900 \times 6 \times 3 \times 2 \times 60$;

$$\text{Donc, } x = \frac{699840000}{5760000} = 121 \tfrac{288}{576} \text{ ou } 121 \frac{1}{2}.$$

Donc enfin, les 150 ouvriers mettraient 121 jours $\frac{1}{2}$ pour creuser le canal proposé.

Nota. On conçoit qu'au lieu de diviser 699840000 par 5760000, on divise plus simplement 69984 par 576 : ce qui donne le même quotient (n° 123).

309. REMARQUE. Lorsqu'on est parvenu à l'expression :

$x \times 150 \times 8 \times 600 \times 4 \times 2 \times 1 = 30 \times 12 \times 900 \times 6 \times 5 \times 2 \times 60,$

ou, ce qui revient au même, à :

$$x = \frac{30 \times 12 \times 900 \times 6 \times 5 \times 2 \times 60}{150 \times 8 \times 600 \times 4 \times 2 \times 1},$$

on pouvait considérablement abréger les calculs, en supprimant tous les facteurs communs au numérateur et au dénominateur : ce qui revient, comme dessus, à diviser les deux termes successivement par un même nombre. (*Voy. mon Arith.*)

Toutes ces suppressions terminées, il vient :

$$x = \frac{9 \times 3 \times 3 \times 6}{4} = \frac{486}{4} = 121\frac{1}{2},$$

Problèmes sur la règle de trois composée.

I. *D.* Si, en 24 jours, 85 ouvriers ont fait 1250 mètres d'ouvrage, *combien* en feraient 48 hommes en 38 jours?

II. *D.* Si 35 ouvriers ont employé 45 jours pour faire 2475 mètres de fossés, *en combien* de jours 48 hommes auraient-ils fait 3500 mètres de même ouvrage ?

III. *D.* Si 18 ouvriers, travaillant 10 heures par jour, ont mis 38 jours pour faire 800 mètres d'un certain ouvrage, *combien* faudrait-il d'ouvriers, travaillant 12 heures par jours, pour faire, en 25 jours, 1250 mètres de même ouvrage?

IV. *D*. Si une garnison, composée de 2500 hommee, n'avait plus que pour 36 jours de vivres, et qu'étant bloquée, elle dût cependant rester dans la ville encore 3 mois; *à combien* faudrait-il réduire la ration de chaque individu par jour?

V. *D*. Si on employait 1500 mètres de drap à $\frac{5}{4}$ de large pour habiller 600 hommes, *combien* faudrait-il de mètres à $\frac{7}{8}$ pour en habiller 1450?

VI. *D*. Si un courrier, marchant 12 heures $\frac{1}{2}$ par jour, a fait une route de 150 myriamètres dans l'espace de 20 jours $\frac{4}{5}$, *combien* il doit marcher d'heures par jour, pour faire 225 myriamètres en 26 jours?

VII. *D*. Si un canal de 1275 mètres de longueur, sur 4 mètres 75 de largeur, et 2 mètres 25 de profondeur, a été fait dans l'espace de 38 jours, par 500 ouvriers travaillant 9 heures par jour, *combien* faudrait-il de jours à 780 ouvriers, travaillant 7 heures $\frac{1}{2}$ par jour, pour en creuser un autre long de 1800 mètres, large de 2 mètres 50, et profond de 1 mètre 75, dans un terrain 3 fois plus difficile que le premier?

CHAPITRE VII.

DE LA RÈGLE D'INTÉRÊT.

310. *D*. Qu'est-ce-qu'on appelle règle d'intérêt?

R. On appelle *règle d'intérêt*, l'opération par laquelle on détermine le *bénéfice* que produit une somme quelconque prêtée ou placée pour un certain temps et à des conditions déterminées.

311. *D.* Quel est le procédé à suivre pour effectuer une règle d'intérêt?

R. Dans la règle d'intérêt, comme dans la règle de trois, il s'agit de trouver le *quatrième* terme d'une proportion dont *trois* sont donnés.

312. *D.* Qu'expriment les quatre termes d'une règle d'intérêt?

R. Les quatres termes d'une règle d'intérêt sont : le CAPITAL, l'INTÉRÊT, le TAUX et le TEMPS.

313. *D.* Qu'est-ce-que le capital?

R. Le *capital* est la somme prêtée ou placée.

314 *D.* Qu'est-ce-que l'intérêt?

R. L'*intérêt* est ce que produit le capital.

315. *D.* Qu'est-ce-que le taux?

R. Le *taux* est l'intérêt de cent francs à la fin de chaque année. Ainsi, quand on dit qu'une somme est placée au taux de 4, 5, 6, 7 ou 8 *pour cent*, cela veut dire que chaque cent francs rapporte par an 4, 5, 6, 7 ou 8 francs d'intérêt.

316. *D.* Qu'est-ce-que le temps?

R. Le *temps* est le nombre d'années, de mois, de jours, pendant lequel le capital est resté sans être remboursé.

317. *D.* Combien y a-t-il de sortes de règle d'intérêt ?

R. La règle d'intérêt est *simple* ou *composée :* 1° elle est simple, quand l'intérêt doit se payer à la fin de chaque année ;

2° Elle est composée, lorsqu'à la fin de chaque année,

il se joint au capital pour porter ensemble intérêt. On prend alors les intérêts des intérêts.

DE LA RÈGLE D'INTÉRÊT SIMPLE.

318. *D.* Dans la règle d'intérêt simple, que peut-on avoir à considérer ou à déterminer?

R. Dans la règle d'intérêt simple, il se présente *quatre cas :* on peut avoir à déterminer ou l'*intérêt*, ou le *capital*, ou le *taux*, ou le *temps*. Nous allons examiner successivement chacun de ces différents cas.

EXEMPLE I.

319. 1er CAS. *D. Quel est l'intérêt d'une somme ou d'un capital* 4500 *francs, placé pour un an, au taux de* 5 *pour cent?*

R. Il est clair que l'intérêt cherché doit augmenter à proportion du capital; de sorte que 100 francs est contenu dans 4500 francs, commme 5 dans x. Ainsi, on a la proportion directe :

$$100 : 4500 :: 5 : x;$$

D'où, $x \times 100 = 4500 \times 5$ ou 22500;

Donc, $x = \frac{22500}{100} = 225.$

Donc enfin, *l'intérêt demandé* est 225 francs.

D. Que résulte-t-il de là?

R. Il résulte de là que *pour obtenir l'intérêt d'un capital quelconque, il suffit seulement de multiplier d'abord le capital par le taux d'intérêt, et de diviser ensuite le produit par* 100 (ce qui se fait en retranchant deux chiffres). Ce procédé doit être suivi dans la pratique.

320. De même que dans la règle de trois, on peut effectuer cette opération sans se servir des propor-

tions, et le procédé n'en est aussi que plus simple et plus expéditif.

Puisque 100 francs rapporte 5 francs d'intérêt par an, il est évident que 1 seul franc ne doit rapporter que la 100e partie de 5 ou $\frac{5}{100}$ ou $\frac{1}{20}$ de francs; donc, les 4500 francs rapporteront 4500 $\times$ $\frac{1}{20}$ ou $\frac{4500}{20}$, ou 225 francs, comme dessus.

EXEMPLE II.

321. *D. Quel est l'intérêt de* 2600 *francs pour* 4 *ans* 10 *mois* 15 *jours au taux de* 4 *francs pour cent par an ?*

Opération.

	104
	4 ans 10 mois 15 jours.
	416
Pour 6 *mois*..	52
Pour 3 *mois*.........	26
Pour 1 *mois*.........	8, 66
Pour 15 *jours*	4, 33
	506 f. 99

R. Dans ces sortes d'exemples, on cherche d'abord l'intérêt pour un an, qui est (n° 320), $\frac{2600 \times 4}{100}$ ou $\frac{10400}{100}$, ou enfin 104 francs; ensuite, pour obtenir l'intérêt de 4 ans 10 mois $\frac{1}{2}$, on multiplie 104 d'abord par le nombre d'années ou 4, ce qui donne 416; puis pour 6 mois, on prend la moitié de l'intérêt pour un an ou de 104, qui est 52, et que l'on place sous 416; pour 3 mois, on prend la moitié de 52, qui est 26; pour 1 mois, on prend le tiers de 26, qui est 8 francs 66 (à 01 près). Enfin, pour 15 jours, on prend la moitié du produit d'un mois ou de 8,66, qui est 4,33. Additionnant maintenant ces divers produits partiels, on trouve que le produit total ou l'*intérêt demandé* est 506 francs 99, ou mieux 507 francs.

322. Plus simplement : puisque 100 francs produisent 4 francs par an, il est clair que 1 seul franc ne doit produire que le 100ᵉ de 4, ou $\frac{4}{100}$ ou $\frac{1}{25}$; donc, 2600 francs produiront 2600 × $\frac{1}{25}$, ou $\frac{2600}{25}$, ou 104 francs. Maintenant, il ne reste plus qu'à multiplier, comme dessus, 104 par 4 ans 10 mois 15 jours.

323. 2ᵉ CAS. *D. On demande quel est le capital qui rapporte par an* 675 *frrancs d'intérêt, au taux de* 5 *p. cent ?*

R. Ce *capital* devant augmenter à proportion de l'intérêt donné 675 francs, doit donc contenir 100 comme 675 contient 5; ainsi, il en résule la proportion directe :

$$5 : 675 :: 100 : x;$$

D'où, $x \times 5 = 675 \times 100$ ou 67500;

Donc, $x = \frac{67500}{5} = 13500.$

Donc enfin, le capital cherché est 13500 francs. Ce qu'on peut vérifier en cherchant l'intérêt de cette somme.

D. Que résulte-t-il de là?

R. Il résulte de là que *pour obtenir un capital dont l'intérêt est donné ainsi que le taux, il faut multiplier cet intérêt par* 100, *et diviser le produit par le taux.*

324. 3ᵉ CAS. *D. On demande à quel taux pour* 100 *est placé le capital* 8500 *francs, sachant qu'il produit* 382 *francs* 50 *d'intérêt par an ?*

R. Il est évident que le *taux demandé* doit être d'autant plus fort que le nombre d'intérêt est plus grand, c'est-à-dire que ce taux doit être contenu dans 382,50 comme 100 dans 8500; on a donc la proportion directe :

$$8500 : 100 :: 382,50 : x;$$

D'où, $8500 \times x = 382,50 \times 100$ ou 38250;

Donc, $x = \frac{38250}{8500} = 4,50.$

Donc enfin, le taux cherché est 4 francs 50. Ce qu'il est facile de vérifier en cherchant l'intérêt de 8500 francs au taux de 4 francs 50.

R. Que résulte-t-il de là?

R. Il résulte de là que *pour obtenir le taux d'intérêt auquel un capital est placé, il suffit de multiplier l'intérêt de ce capital par* 100, *et diviser le produit par le capital lui-même.*

325 4e CAS *D*. *On demande en combien de temps un capital* 4500 *francs, placé au taux de* 4 *pour cent par an, produira* 517 *francs* 50 *d'intérêt?*

R. On conçoit que si l'on connaissait l'intérêt d'un an du capital 4500 francs, il ne resterait plus, pour obtenir le temps cherché, qu'à rapporter cet intérêt à l'intérêt donné 517 francs 50; c'est-à-dire, à résoudre cette nouvelle question : si, en un an, un certain capital produit *tant* d'intérêt, en combien de temps ce même capital produira-t-il 517 francs 50 centimes?

Ici, il est clair que l'intérêt du capital donné doit être contenu dans 517,50 comme 1 dans le temps cherché.

Or, comme l'intérêt pour un an de 4500 francs, au taux de 4 pour cent, est $\frac{4500 \times 4}{100}$ ou $\frac{18000}{100}$ ou 180 francs, on a donc la proportion :

$$180 : 517,50 :: 1 : x;$$

D'où, $180 \times x = 517,50 \times 1$ ou $517,50$;

Donc, $x = \frac{517,50}{180} = 2 \frac{15750}{18000}$

Donc enfin, le temps demandé est 2 ans plus $\frac{15750}{18000}$ d'année, ou, après avoir réduit cette fraction à sa plus simple expression, est 2 ans $\frac{7}{8}$.

Pour se faire une plus juste idée de cette partie d'année, on la convertit en mois et en jours, qui sont les subdivisions naturelles du temps.

Pour cela, voici comme on procède : on dispose les deux termes de la fraction de la même manière que si on voulait la convertir en décimales (n° 212); ensuite on multiplie le numérateur 7 par le nombre de mois qu'il y a dans un an, ou par 12; et on divise le produit 84 par le dénominateur 8 : ce qui donne pour quotient 10 mois, plus le reste 4 ; enfin, pour obtenir des jours, on multiplie le nombre 4 par 30, nombre de jours qu'il y a dans un mois; on divise le produit 120 par 8; et il vient au quotient 15 jours tout juste. Donc le temps cherché est 2 ans 10 mois 15 jours.

Nota. Il est facile de concevoir que le procédé du *quatrième cas* est le réciproque ou la vérification du premier cas.

D. Que conclut-on de là?

R. On conclut de là que *pour obtenir le temps pendant lequel un capital est resté sans être remboursé, on multiplie l'intérêt donné par 1, et on divise le produit par l'intérêt d'un an*; ou, plus simplement, *on divise*, tout d'abord l'*intérêt donné par celui d'une année*.

Problèmes sur la règle d'intérêt simple.

I. *D.* Quel est l'*intérêt,* pour un an, du capital 1745 fr., placé au taux de 4 fr. 50 cent. p. cent?

II. *D.* On demande l'*intérêt* de 950 fr. pour 2 ans 7 mois ½ au taux de 4 p. cent par an?

III. *D.* Un certain capital, placé au taux de 5 p. cent, a produit 315 fr. 75 d'intérêt en un an; quel est *ce capital,* et combien aurait-il produit en 5 ans 4 mois ½.

IV. *D.* Un certain particulier a 585 fr. 75 de revenu annuel; le taux d'intérêt est 3 fr. 50 : quel est *ce capital?*

V. *D.* Un capital 2800 produit 105 fr. d'intérêt par an; à quel *taux* est-il placé?

VI. *D.* A quel *taux* par an était placé le capital 1600 fr., sachant qu'il a produit 950 fr. dans l'espace de 6 ans 9 mois?

VII. *D.* Un capital 3500, placé au taux de 5 p. cent par an, a rapporté 1750 fr. d'intérêt; on demande le *temps* pendant lequel il est resté placé?

VIII. *D.* Déterminer pendant *combien de temps* un capital 1800 fr. est resté sans être remboursé, sachant qu'au taux de 4 fr. 50, il a produit 1475 fr. d'intérêt?

DE LA RÈGLE D'INTÉRÊT COMPOSÉ.

326. *D.* Quel est le but de cette opération?

R. La *règle d'intérêt composé* a pour but de déterminer d'abord l'*intérêt* d'un capital donné pendant un certain temps, plus successivement l'*intérêt de cet intérêt* cumulé pendant le même temps.

EXEMPLE.

327. *D. Quel est l'intérêt composé du capital* 6000, *resté sans être remboursé pendant* 4 *ans* 10 *mois* $\frac{1}{2}$, *et placé au taux de* 4 *p. cent?*

R. Pour résoudre cette question, d'après la définition, il faudrait d'abord chercher l'intérêt simple de 6000 fr. pour 4 ans 10 mois $\frac{1}{2}$; chercher ensuite l'intérêt de cet intérêt pour 1 an, plus successivement l'intérêt des intérêts cumulés pendant les 4 ans 10 mois et $\frac{1}{2}$. Et, faisant la somme de ces intérêts, on obtiendrait l'intérêt demandé.

Mais nous simplifierons cette opération compliquée, en cherchant d'abord l'intérêt simple pour 1 an du capital 6000 fr., puis en cherchant, pour la 2e année, l'intérêt de cet intérêt réuni à son capital, en cherchant, pour la troisième année, l'intérêt de ces intérêts toujours réunis au capital, et ainsi de suite, jusqu'à ce qu'on ait épuisé le temps donné. Nous allons effectuer ces différentes opérations d'après le principe du n° 130, c'est-à-dire sans former de proportions.

Operation.

Pour la première année, l'intérêt de 6000 fr. est....	$\frac{6000 \times 4}{100}$, ou....	240 f. »
Pour la 2e, le capital étant 6000 + 240 ou 6240f., l'intérêt est...........	$\frac{6240 \times 4}{100}$, ou....	249 60
Pour la 3e, le capital étant 6240+249,60 ou 6489,60, l'intérêt est.........	$\frac{6489,60 \times 4}{100}$, ou..	259 58
Pour la 4e, le capital étant 6489,60 + 259,58 ou 6749,18, l'intérêt est...	$\frac{6749,18 \times 4}{100}$, ou..	269 97
Décomposant maintenant les 10 mois en 6 mois, en 3 mois, et en 1 mois 1/2, nous aurons :		
Pour 6 mois, le capital étant 6749,18 + 269,97 ou 7019,14, l'intérêt est...	$\frac{7019,14 \times 2}{100}$, ou..	140 38
Pour 3 mois, le capital étant 7019,14 + 140,58 ou 7159,52, l'intérêt est...	$\frac{7159,52 \times 1}{10}$, ou..	71 60
Pour 1 mois 1/2, le capital étant 7159,52+71,60 ou 7231,12, l'intérêt est...	$\frac{7231,12 \times 0 f. 50}{100}$, ou	56 16
Total des intérêts..........		1267 f. 29

Nota. Lorsque l'intérêt composé de la quatrième année a été déterminé, au lieu de chercher, pour 6 mois, d'abord l'intérêt de 1 an du capital 7019 fr. 14, et d'en prendre ensuite la moitié, nous avons préféré chercher directement l'intérêt de 6 mois en multipliant par la moitié du taux ou par 2 fr. : ce qui revient évdemment au même, et ce qui est sans contredit plus simple.

Nous avons fait de même pour les 3 mois, ainsi que pour le mois et demi, c'est-à-dire que nous avons multiplié 1° par la moitié de 2 fr. ou par 1 fr.; 2° et par la moitié de 1 fr. ou par 0 fr. 50.

328. REMARQUE. Comme la règle d'intérêt composé n'est qu'une suite de la règle d'intérêt simple, les *quatre* cas principaux qui existent dans celle-ci, et que nous avons exposés, existent également dans celle-là. Pour résoudre des questions sur chacun de ces cas, il n'y a donc qu'à se reporter aux procédés ci-dessus.

Problèmes sur la règle d'intérêt composé.

I. *D*. Un capital 8000 fr., placé au taux de 4 p. cent par an, *combien* produira-t-il d'intérêt composé dans l'espace de 7 ans 4 mois $\frac{1}{2}$.

II. *D*. Un certain capital, placé à intérêt composé et au taux de 4 fr. 50 p. cent par an, a produit 750 f. d'intérêts en 3 ans 9 mois; *quel* était ce capital?

III. *D*. Quelqu'un a payé 650 d'intérêt composé pour un capital 6500 fr. resté placé pendant 4 ans 10 mois $\frac{1}{2}$; à quel *taux* était-il placé?

IV. *D*. Une somme de 1800 fr., placée au taux de 4 p. cent par an, a rapporté 850 fr. d'intérêt composé; déterminer *le temps* qu'elle est restée sans être remboursée?

DE LA RÈGLE D'ESCOMPTE.

329. *D*. Qu'est-ce que la règle d'escompte?

R. La *règle d'escompte* est une opération qui a pour objet de déterminer la retenue que l'on doit faire sur le montant d'un billet payé avant son échéance.

D. Quel est le taux de l'escompte ?

R. Le taux de l'escompte est ordinairement de 6 p. cent par an.

330. *D*. Combien y a-t-il de manières de prélever l'escompte?

R. Il y a *deux* manières de prélever l'escompte :

1° Ou pour chaque 100 fr. que le banquier verse maintenant, il en retient 106 par année sur le montant du billet qu'il escompte : ce qui fait que 106 fr. payables dans un an équivalent à 100 fr. payables actuellement ;

2° Ou il commence par prélever l'intérêt par an de la somme portée sur le billet, et ne donne que ce qui reste du capital : ce qui fait qu'il retire nécessairement l'intérêt de l'intérêt de la somme escomptée.

La première manière s'appelle *escompte en dedans*, et la seconde *escompte en dehors*. Nous allons éclaircir cette différence par des exemples.

EXEMPLE I.

331. *D. Quel est l'escompte d'un billet de 1500 fr. payable dans un an, au taux de 6 p. cent.*

Escompte en dedans.

R. Puisque 100 fr. maintenant deviennent 106 fr. au bout d'un an, il est clair que le taux de 6 p. cent par an se réduit à 6 p. 106 ; donc, la retenue demandée sera le quatrième terme de la proportion :

$$106 : 1500 :: 6 : x ;$$

Lequel est.... $\frac{1500 \times 6}{106}$, ou 84,905

Enfin, l'escompte du billet proposé est 84 fr. 90 (à 0,01 près).

Retranchant 84 fr. 90 du capital 1500 fr., le *reste* 1415 fr. 10 est la somme qui revient actuellement au possesseur du billet.

D. Que résulte-t-il de là?

R. Il résulte de là que *pour obtenir l'escompte en dedans d'un billet quelconque, il faut multiplier le montant du billet par le taux d'intérêt, et diviser le produit par* 100 *augmenté de ce taux.*

Escompte en dedans.

332. Puisque (n° 330), la retenue à faire sûr le billet de 1500 fr. n'est rien autre chose que l'intérêt simple de ce capital, elle sera donc le quatrième terme de la proportion :

$$100 : 1500 :: 6 : x,$$

Ou

$$\frac{1500 \times 6}{100}, \text{ ou } 90;$$

C'est à-dire 90 fr.

Retranchant 90 fr. de 1500, on obtient 1410 fr. pour la valeur actuelle du billet.

Maintenant, comparant le premier résultat 1415 f. 10 au second 1410 fr., comme on trouve que leur différence est 5 fr. 10, on conclut que la personne reçoit 5 fr. 10 de moins par la seconde méthode que par la première.

EXEMPLE II.

333. *D. Quel escompte doit-on faire sur un billet de* 2600 *fr. payable dans* 1 *ans* 6 *mois* 15 *jours, ou dans*

18 mois $\frac{1}{2}$ au taux de $\frac{3}{4}$ de franc ou 0 fr. 75 c. par mois?

Escompte en dedans.

R. Puisque pour chaque mois le banquier doit prélever 0 fr. 75 p. cent, il est évident que pour 18 mois $\frac{1}{2}$ il prélèvera 18 fois $\frac{1}{2}$ 0,75, ou 13 fr. 875, donc, la retenue à faire sur 2600 fr. sera exprimée par le quatrième terme de la proportion :

$$100+13,875 \text{ ou } 113,875 : 2600 :: 13,875 : x,$$

Ou par $\dfrac{13,875 \times 2600}{113,875}$, c'est-à-dire 316,79.

Donc enfin, l'escompte demandé est 316 fr. 79 (à 0,01 près).

Retranchant cette retenue du capital 2600 fr., on trouve que la valeur actuelle du billet est 3600 — 316, 79, ou 2283 fr, 21.

Escompte en dehors.

334. Comme la retenue de chaque 100 fr. s'élève à 13 fr. 875 pour le temps à courir, il s'ensuit que la retenue totale ou de 2600 fr., sera le quatrième terme de la proportion :

$$100 : 2600 :: 13,875 : x,$$

C'est-à-dire, $\dfrac{13,875 + 2600}{100}$, ou 360 fr. 75.

Retranchant cette somme du billet 2600 fr., le *reste* 2239 fr. 25 c. exprime la valeur actuelle du billet.

Cherchant maintenant de combien le premier résultat 2283 fr. 21 surpasse le second 2239 fr. 25, on obtient pour *différence* 43 fr. 96 ; donc le possesseur du billet reçoit 43 fr. 96 de plus par la première méthode que par la seconde.

RÈGLE GÉNÉRALE.

335. *D*. Que peut-on conclure de ce qui précède?

R. On conclut 1° que *pour obtenir l'escompte en dedans d'un billet quelconque, il faut d'abord multiplier le montant de ce billet par l'intérêt de* 100 fr. *calculé pour le temps proposé, ensuite diviser le produit par* 100 *augmenté de cet intérêt pour le même temps;*

2° Et que *pour obtenir l'escompte en dehors d'un billet, il suffit* (comme dans la règle d'intérêt simple), *de multiplier le montant du billet par le taux d'escompte pour le temps* donné, et diviser le résultat par 100 (ou séparer 2 chiffres).

Problèmes sur la règle d'escompte.

I. D. Quel *escompte* ou quelle *retenue* doit-on faire sur un billet de 900 fr., payable dans un an, au taux de 6 p. cent par an?

Nota. On résoudra cette question suivant les deux méthodes d'escompte, ainsi que celles qui suivent.

II. *D*. Quelle *retenue* doit-on faire actuellement sur un billet de 1650 dont l'échéance est dans 2 ans 9 mois, au taux de 5 fr. 50 par an.

Il faut chercher le taux par mois.

III. *D*. Un commerçant achète pour 6500 fr. de marchandises dont il a crédit pour 10 mois $\frac{1}{2}$; cependant il paie comptant : quelle *somme* doit-il donner, sachant que le marchand lui fait remise de $\frac{2}{3}$ de franc p. cent par mois?

IV. *D.* L'échéance d'un billet de 1200 fr. est arrivée; cependant le débiteur ne pouvant payer, il renouvelle ce billet pour 4 mois $\frac{4}{5}$: quelle *somme* donnera-il à la nouvelle échéance, sachant qu'on lui prend $\frac{4}{5}$ de fr. d'escompte par mois?

Nota. Comme la règle d'escompte n'est aussi qu'une extension de la règle d'intérêt, on peut se reporter sur celle-ci pour résoudre les questions sur les différents cas qui y sont exposés.

DE LA RÈGLE DE SOCIÉTÉ

336. *D.* Qu'est-ce que la règle de société?

R. La *règle de société* est une opération qui a pour objet de partager entre plusieurs associés le *bénéfice* ou la *perte* qui résulte de leur association.

337. *D.* Comment se fait ce partage?

R. Ce partage se fait proportionnellement aux mises de chaque associé, et au temps pendant lequel chacune est restée dans le commerce.

338. *D.* Combien y a-t-il de règles de société?

R. Il y a deux sortes de règles de société : *la règle de société simple*, et la *règle de société composée.*

RÈGLE DE SOCIÉTÉ SIMPLE.

339. *D.* Qu'est-ce qu'on appelle règle de société simple?

R. La règle de société est dite *simple*, 1° quand les mises sont différentes, le temps est le même pour chaque associé; 2° ou les mises sont égales, les temps ne le sont pas.

EXEMPLE 1.

340. *D. Supposons que quatre personnes s'associent pour un commerce quelconque, que la première y mette* 1250 *fr., la deuxième* 1500 *fr., la troisième* 1000 *fr., et la quatrième* 850 fr.*; qu'au bout de leur entreprise, elles gagnent* 4500 *fr.: quelle sera alors la part de chacune?*

R. Or, comme le gain de chaque associé est proportionnel à sa mise, il s'ensuit que la somme des mises est au gain total, comme une mise particulière est au gain (inconnu) qui lui correspond. Ainsi, les qua- proporti onsdirectes :

	Mises.
$4600 : 4500 :: 1250 : x,$	1250
$4600 : 4500 :: 1500 : x,$	1500
$4600 : 4500 :: 1000 : x,$	1000
$4600 : 4500 :: 850 : x$ (1),	850
Somme des mises.	4600

Donc la part de chaque associé est successivement :

1re *part*...........	$\frac{4500 + 1250}{4600}$,	ou	1222 fr.	85;
2e *part*...........	$\frac{4500 \times 1500}{4600}$,	ou	1467	39;
3e *part*...........	$\frac{4500 \times 1000}{4600}$,	ou	978	26;
4e *part*...........	$\frac{4500 \times 850}{4600}$,	ou	831	52
	Vérification ou preuve....		4500 fr.	00

(1) Au lieu de se servir de la même inconnue (x), on pourrait en prendre d'autres quelconques.

D. Que résulte-t-il de là?

R. Il résulte de là que *pour obtenir la part de chaque associé dans une règle de société simple, il suffit de multiplier d'abord la somme à partager par la mise qui correspond à cette part, et ensuite diviser le produit par la somme des mises.*

D. Comment fait-on la preuve d'une règle de société ?

R. La *preuve* d'une règle de société se fait en additionnant les parts de chaque associé pour reproduire le gain ou la perte totale.

EXEMPLE II.

341. *D. Quatre commerçants ont fait société; leurs mises sont égales; mais les temps sont différents: le premier est entré dans le commerce pour deux ans, le deuxième pour* 15 *mois, le troisième pour* 11 *mois, et le quatrième pour* 19 *mois. Quelle est la part qu'il revient à chacun deux, sachant que leur bénéfice se monte à* 8000 *francs?*

R. Puisque le bénéfice de chaque associé doit être proportionnel au temps qu'il est resté dans le commerce, il est évident que le temps total est au gain total, comme le temps particulier est au gain qui lui correspond. De là les quatre proportions directes :

$69 : 8000 :: 24 : x$,	24
$69 : 8000 :: 15 : x$,	15
$69 : 8000 :: 11 : x$.	11
$69 : 8000 :: 19 : x$,	19
Total des temps	69 *mois.*

Donc la part de chaque associé est successivement :

1re *part*........	$\frac{24 \times 8000}{69}$,	ou 2782 fr.	61 ;
2e *part*...........	$\frac{15 \times 8000}{69}$,	ou 1739	13 ;
3e *part*...........	$\frac{11 \times 8000}{69}$,	ou 1275	36 ;
4e *part*...........	$\frac{19 \times 8000}{69}$,	ou 2202	90 ;
	Vérification..........	8000 fr.	00

RÈGLE DE SOCIÉTÉ COMPOSÉE.

342. *D.* Qu'est-ce-que la règle de société composée ?

R. La *règle de société* est dite *composée*, lorsqu'il y a inégalité de mises et de temps.

EXEMPLE I.

343. *D. Supposons que quatre personnes s'associent pour une entreprise qui doit durer trois ans : que le* 1er *y mette* 6000 *francs pour tout le temps; le* 2e, 10000 *francs pour* 22 *mois; le* 3e, 15000 *francs pour* 16 *mois; et le* 4e, 25000 *francs pour* 9 *mois. On demande ce qu'il revient à chacun deux à proportion de leurs mises, et du temps pendant lequel chacune est restée dans le commerce; sachant que le gain résultant de leur association s'élève à* 30000 *francs?*

R. Puisque le gain de chaque associé et directement proportionnel à sa mise et au temps qu'elle est restée dans le commerce, il s'ensuit que ce gain ou cette part du gain total sera aussi proportionnelle au produit de cette mise par le temps. Donc, faisant le produit de la mise de chacun par le temps de cette mise, l'opération reviendra alors à une règle de société simple.

Voici comme on procède pour obtenir ces différents produits :

1° Les 6000 francs du premier, placés pendant 3 ans en 36 mois, donnent pour produit 36 × 6000,.................. ou	216000
2° Les 10000 francs du second, placés pendant 22 mois, donnent pour produit 22 × 10000,..................... ou	220000
3° Les 15000 francs du troisième, placés pendant 16 mois, donnent pour produit 15000 × 16,..................... ou	240000
4° Les 25000 francs du quatrième, placés pendant 9 mois, donnent pour produit 25000 × 9,....................... ou	225000
Somme des mises composées :	901000

Maintenant pour obtenir la part que chaque associé doit avoir, il suffit donc de partager la somme donnée proportionnellement aux nouveaux nombres 216000, 220000, 240000, et 225000.

Ainsi, il en résulte les proportions, ou, pour abréger, les égalités suivantes, qui ne sont autre chose que les parts successives de chaque associé :

1re *part*..........	$\frac{216000 \times 30000}{901000}$,	ou 7192 fr. 01 ;
2e *part*..........	$\frac{220000 \times 30000}{901000}$,	ou 7325 19 ;
3e *part*..........	$\frac{240000 \times 30000}{901000}$,	ou 7991 12 ;
4e *part*..........	$\frac{225000 \times 30000}{901000}$,	ou 7491 68 ;
Vérification..........		30000 fr. 00

Nota. Les multiplications indiquées ci-dessus étant effectuées, avant d'effectuer ensuite les divisions, nous avons eu soin de supprimer *trois* zéros sur la droite de chacun des deux termes. Ce sont des simplifications qu'il faut faire, quand cela est possible.

D. Que résulte-t-il de là ?

Il résulte de là que, *dans une règle de société composée, pour obtenir la part de chaque associé, on forme d'abord les mises composées de chacun, ensuite on opère comme dans la règle de société simple.*

EXEMPLE II.

344. *D. Un rentier laisse en mourant un fonds de 30000 francs, que quatre héritiers doivent se partager de la manière suivante : le 1er doit en avoir* $\frac{1}{4}$, *le 2e* $\frac{1}{3}$, *le 3e* $\frac{3}{8}$, *et le 4e* $\frac{2}{7}$. *On demande ce qu'il revient à chacun d'eux?*

R. Si la somme de ces fractions était égale à 1, il est clair qu'en prenant successivement le $\frac{1}{4}$, le $\frac{1}{3}$, les $\frac{3}{8}$, et les $\frac{2}{7}$ de 30000 francs, on obtiendrait respectivement les parts de chacun des héritiers. Mais, ces fractions réduites au même dénominateur, donnent

$\frac{168}{672}$, $\frac{224}{672}$, $\frac{252}{672}$, $\frac{192}{672}$, ou $\frac{836}{672}$, c'est-à-dire $1+\frac{164}{672}$; donc, le bien serait plus qu'absorbé, si l'on prenait les parts comme elles sont indiquées.

Du reste, le but du testateur n'est pas que les héritiers aient respectivement les parts qui leur sont assignées dans l'énoncé, mais bien celles qui sont proportionnelles aux nombres $\frac{1}{4}$, $\frac{1}{3}$, $\frac{3}{8}$ et $\frac{2}{7}$, ou à leurs représentants 168, 224, 252, et 192.

Ainsi, faisant la somme de ces nombres, qui représentent censément les mises, les parts de chaque héritier, sont :

1re *part.*	$\frac{168\times 30000}{836}$, ou 6028 fr. 71;			168
2e *part..*	$\frac{224\times 30000}{836}$, ou 8038	28;		224
3e *part..*	$\frac{252\times 30000}{836}$, ou 9043	06,		252
4e *part..*	$\frac{192\times 30000}{836}$, ou 6889	95;		192
			Mises..	836
Preuve.........	30000 fr. 00.			

Problèmes sur la règle de société simple et composée.

I. *D.* Trois individus se sont associés pour trois ans, et ont perdu dans leur entreprise 16500 francs; on demande à combien s'élève la perte de chacun, sachant que le 1er avait mis 6500 francs, le 2e 8700 fr., et 3e 12000 francs?

II. *D.* Cinq commerçants ont formé une certaine mise en y contribuant tous également, et ont éprouvé une perte de 36000 francs au bout de leur entreprise qui a duré deux ans et demi : on demande ce que chacun doit perdre à proportion du temps qu'il est resté dans le commerce, sachant que le 1er y est resté tout le temps, le 2e 22 mois, le 3e 18 mois, le 4e 15 mois, et le 5e un an?

III. *D*. Partager 4500 en parties proportionnelles aux nombres 9, 15, 17 et 24?

IV. *D*. Trois marchands de bois on fait société pour acheter la coupe de bois d'une forêt; cette association leur a produit 25000 francs de bénéfice : quelle somme revient-il à chacun d'eux, sachant que le 1er a mis 18000 francs pour 18 mois; le 2e 28000 francs pour 14 mois; et le 3e 35000 francs pour 10 mois?

V. *D*. Un économe laisse en mourant un fonds de 400000 francs, qui doit, d'après son testament, être partagé de la manière suivante : ses héritiers (au nombre de 24) doivent en avoir les $\frac{7}{8}$; un de ses anciens amis, le $\frac{1}{6}$; sa servante les $\frac{3}{4}$; son domestique, le $\frac{1}{8}$. On demande ce qu'il revient à chacun d'eux?

VI. *D*. Partager le nombre 60 en parties proportionnelles aux fractions $\frac{2}{3}$, $\frac{3}{8}$, $\frac{5}{9}$ et $\frac{1}{2}$?

De quelques autres questions dépendantes aussi des proportions.

VII. *D*. On demande un nombre dont le $\frac{1}{3}$, le $\frac{1}{4}$, le $\frac{1}{5}$, le $\frac{1}{6}$, le $\frac{1}{7}$ et le $\frac{1}{8}$ fassent 1200?

Il n'est pas difficile de voir que cette question peut se résoudre comme les deux qui précèdent.

VIII. *D*. On demande de partager 1800 francs entre *trois* personnes de manière que la seconde ait *trois* fois autant que la première, que la troisième ait à elle seule *deux* fois autant que les deux autres?

Dans ces sorte d'exemples, on prend d'ordinaire l'unité pour représenter la première personne; ainsi, la deuxième sera 1×3 ou 3; et la troisième $3 + 1 \times 2$ ou 8. Il ne reste donc plus alors qu'à partager le nombre proposé proportionnellement aux nombres 1, 3 et 8.

IX. *D*. Supposons qu'il s'agisse de partager une indemnité de 6000 francs entre quatre personnes de manière que la seconde ait 1 fois $\frac{1}{4}$ plus que la première; que la troisième ait les $\frac{2}{3}$ de la seconde; et que la quatrième ait les $\frac{2}{5}$ de toutes les autres?

Ainsi, la première personne étant représentée par 1, la 2e sera $1 \times \frac{5}{4}$ ou $\frac{5}{4}$, la 3[e] $\frac{5}{4} \times \frac{2}{3}$ ou $\frac{10}{12}$, et la 4[e] $\frac{37}{12} \times \frac{2}{5}$ ou $\frac{74}{60}$. Maintenant il n'y a donc plus qu'à opérer proportionnellement aux nombres 1, $\frac{5}{4}$, $\frac{10}{12}$ et $\frac{74}{60}$.

X. *D*. On propose de partager 4500 fr. entre quatre personnes de manière que la seconde ait le double de la première moins 175 fr., la 3e les $\frac{2}{3}$ de la seconde *plus* 100 fr., et la 4e autant que toutes les autres *moins* 300 fr.

DE LA RÈGLE D'ALLIAGE OU DE MÉLANGE.

345. *D*. Qu'est-ce que la règle d'alliage ou de mélange ?

R. La *règle d'alliage* ou de *mélange* est de deux sortes : l'une dépend de l'arithmétique, et l'autre de l'algèbre.

Comme la dernière n'est pas de notre ressort, nous ne nous occuperons que de la première, qui a pour but *de trouver la valeur moyenne de plusieurs sortes de choses, connaissant déjà le nombre et la valeur particulière de chaque sorte.*

EXEMPLE I.

346. D. *Un cabaretier a du vin au prix de 35 fr., 42 fr., 50 fr. et 66 fr. l'hectolitre : s'il mélangeait ces quatre sortes de vin, à combien reviendrait l'hectolitre du mélange ?*

R. Il est clair que pour obtenir le prix de l'hectolitre de ce mélange, il faut d'abord faire la somme des différents prix, et la diviser ensuite par le nombre des mesures.

Opération.

	1 hectolitre	à	35 fr. 75,	
	1 hect.	à	42 fr. »	
	1 hect.	à	50 fr. 50,	
	1 hect.	à	66 fr. 25	
Totaux :	4 hectolitres		194 fr. 50	4
			34	48 fr. 625
			25	
			10	
			20	

Donc, le prix de l'hectolitre de mélange est 48 fr. 625.

EXEMPLE II.

347. D. *Un marchand de vins à mêlé ensemble des vins de différentes qualités et par conséquent de prix différents; savoir : 235 litres à raison de 0 fr. 775 le litre; 200 litres à 0 fr, 85 le litre; et 170 litres à 1 fr. 45 le litre. On demande le prix de ce mélange ?*

R. Pour résoudre cette question, on multiplie d'abord le prix de l'unité de chaque sorte de vin par le nombre d'unités de cette sorte, et on ajoute les produits; ensuite on fait la somme des nombres qui représentent les différents vins; et on divise enfin la somme des produits par celle des unités de vins.

Opérations.

1° Les 235 litres à 0 fr. 775 le litre donnent pour produit 235 × 0,775, ou..........	182 fr. 125;
2° Les 200 litres au prix de 0 fr. 85 le litre donnent 0,85 × 200, ou............	170 fr. 00;
3° Les 170 litres à 1 fr. 45 le litre donnent 1,45 × 170, ou................	246 fr. 50.
Prix total des trois vins mêlés :	598 fr. 625.

Faisant maintenant la somme des trois nombres 235, 200 et 170, ce qui donne 605, et divisant 598 fr. 625 par 605, on obtiendra le prix demandé.

Cette opération terminée, on trouve que le prix du litre de ce mélange est 0 fr. 989 (*à* 0,001 *près*).

EXEMPLE III.

348. *D*. Enfin, *on veut fondre ensemble quatre lingots de différents poids et à des titres différents : le premier pesant* 25 *kilogrammes est au titre de* 885 *millièmes ; le second pesant* 18 *kilo est au titre de* 925 *millièmes ; le troisième pesant* 27 *kilo est au titre de* 875; *et le quatrième pesant* 32 *kilo est au titre de* 865. *On demande quel est le titre d'alliage de ces quatre lingots ?*

Nota. Pour bien comprendre l'énoncé de cette question, il faut d'abord savoir que, dans l'orfèvrerie, l'*or* et l'*argent* sont généralement combinés ou alliés avec d'autres métaux, principalement avec le cuivre.

Ainsi, quand on dit qu'un lingot d'or ou d'argent est *au titre de* 900 millièmes ou 9 dixièmes *de fin*, on entend par là que sur *un* kilogramme de ce lingot, il se trouve $\frac{9}{10}$ de kilo d'or ou d'argent pûr, C'est précisément le titre des monnaies actuelles. (*Comme nous l'avons dit, n°* 82).

De même, un lingot est à 885 millièmes, 925 millièmes, etc., *de fin*, lorsque, sur *un* kilogramme, il contient $\frac{885}{1000}$, ou $\frac{925}{1000}$, etc., d'or ou d'argent pur.

Cela posé, nous allons effectuer l'opération, comme dessus, c'est-à-dire en multipliant d'abord le poids de chaque lingot par son titre, et divisant ensuite la somme des produits des titres par celle des poids.

Opérations.

1° Les	25 kilo	à 885 mill.	font 885 × 25 ou 22125 *mill.*;
2° Les	18 k.	à 925 mill.	font 925 × 18 ou 16650 *mill.*;
3° Les	27 k.	à 875 mill.	font 875 × 27 ou 23625 *mill.*;
4° Les	32 k.	à 865 mill.	font 865 × 32 ou 27680 *mill.*
Totaux :	102 *kilogrammes*		90080 *mill.*

Donc, les 102 kilogrammes d'argent alliés ensemble contiennent 90080 millièmes ou 90 kilo 080 d'*argent pur*.

Ainsi, le titre d'alliage demandé est exprimé par $\frac{90,080}{102}$, ou 0,883 *millièmes*.

Problèmes sur la règle d'alliage.

I. *D.* Une pièce de terre, en litige pour la contenance, a été mesurée 4 fois différentes : à la 1re opération, on a trouvé qu'elle contenait 4 hectares 75 ares ares 50 centiares ; à la 2e, 4 h. 73 a. 80 c.; à la 3e,

4 h. 74 a. 25 c.; à la 4e, 4 h. 76 a. 15 c. On demande alors *la mesure moyenne* de cette pièce de terre ?

II. *D.* Un blâtier a quatre sortes de blé : 1° 175 hectolitres au prix de 16 fr. 50 l'hectolitre; 2° 240 hect. à raison de 18 fr. 40; 3° 348 hect. à 17 fr. 75; 4° et 420 hect. à 16 fr. Il doit faire le mélange de son grain; *à combien* lui reviendra alors l'hectolitre ?

III. *D.* Dans une usine il y a 450 ouvriers, dont 150 gagnent chacun 3 fr. 75 par jours; 100 qui sont payés au prix de 2 fr. 50; 85 qui reçoivent 2 fr.; 65 qui ont 1 fr. 75; et enfin 50 qui ne gagnent que 1 fr. 25 : on demande quel est *le prix* moyen de chacun par jour ?

IV. *D.* Quel sera le titre d'alliage de trois lingots qu'on veut fondre ensemble, dont le 1er pèse 16 kilo 40, et est au titre de 895 *millièmes ;* le 2e, 14 kilo 75, et est au titre 775 *mil.;* et le 3e, 24 kilo 25, et est au titre de 950 *mil.?*

V. *D.* Un certain ouvrage fut fait 4 fois successivement par le même ouvrier : la première fois il le fit en 8 jours $\frac{2}{3}$; la 2e, en 9 jours $\frac{1}{4}$; la 3e, 7 jours $\frac{7}{8}$; et la 4e, en 8 jours $\frac{1}{2}$. Quel est *le temps* moyen pendant lequel l'ouvrage fut fait?

VI. *R.* Un voyageur a mis 6 jours pour faire une certaine route : le premier jour il en a fait 6 myriamètres; le 2e, 4 myr. 50 ; le 3e, 4 myr. 25; le 5e, 5 myr. 75; et le 6e, 4 myr. 40. Chercher *la moyenne* de sa marche journalière?

CHAPITRE VIII.

DES PROGRESSIONS.

349. *D*. Combien y a-t-il de sortes de progressions ?

R. De même que les rapports, les *progressions* sont de deux sortes : LA PROGRESSION PAR DIFFÉRENCE, et LA PROGRESSION PAR QUOTIENT.

PROGRESSION PAR DIFFÉRENCE.

350. *D*. Qu'est-ce qu'on appelle progression par différence ?

R. On appelle *progression par différence*, une suite de nombres ou termes dont chacun surpasse celui qui le précède, ou est surpassé par lui, d'*une même quantité* qui est appelée LA DIFFÉRENCE OU LA RAISON de la progression.

351. *Telles sont les suivantes :*

$$\div\ 2 \cdot 5 \cdot 8 \cdot 11 \cdot 14 \cdot 17 \cdot 20 \cdot 23 \cdot 26 \cdot 29 \cdot 32 \cdot \ldots,$$

et $\div\ 60 \cdot 55 \cdot 50 \cdot 45 \cdot 40 \cdot 35 \cdot 30 \cdot 25 \cdot 20 \cdot 15 \cdot 10 \cdot \ldots.$

D. Quelle est la raison de chacune de ces progressions ?

R. Dans la première, *la raison* est 3, et dans la seconde 5, comme il est facile de le voir.

352. *D*. Comment se nomment-elles chacune ?

R. La première est appelée *progression croissante*, parce que les termes y vont en augmentant ; et la seconde *progression décroissante*, parce qu'ils y vont en diminuant.

353. *D.* Comment distingue-t-on qu'une progression écrite est par différence?

R. Pour distinguer qu'une progression est *par différence*, on place en tête le signe $\div$, et *un point* après chaque terme; parce qu'une progression par différence n'est autre chose, d'après sa définition, qu'une suite d'*équidifférences continues*. (*Voyez les nos* 270 *et* 271.)

D. Comment l'énonce-t-on?

R. On l'énonce comme l'équidifférence continue; ainsi, les progressions ci-dessus s'énoncent: 2 *est à* 5 *comme* 5 *est à* 8, etc.; 60 *est à* 55 *comme* 55 *est à* 50, etc. Ou, plus simplement : 2 *est à* 5 *est à* 8....., 60 *est à* 55 *est à* 50.....

354. Première propriété. *D.* Que résulte-t-il de la définition de la progression par différence?

R. Il résulte 1o que, dans une progression croissante, *le second terme égale le premier, plus la raison; le troisième égale le deuxième, plus la raison*, ou bien *égale le premier, plus deux fois la raison* : et, en général, *un terme de rang quelconque égale le premier, plus autant de fois la raison qu'il y a de termes avant celui que l'on considère;*

2o Que, dans une progression décroissante, *le second terme égale le premier, moins la raison; le troisième égale le deuxième, moins la raison*, ou bien, *le premier, moins deux fois la raison* : et, en général, *un terme quelconque égale le premier, moins autant de fois qu'il y a de terme avant lui*.

D. Que conclut-on de là?

R. On conclut de là :

355. 1° Que, *pour obtenir un terme quelconque d'une progression par différence, dont on connaît le premier terme, il faut multiplier la raison par le nombre des termes qu'il y a avant celui que l'on cherche, et ajouter le produit au premier terme de la progression,* si elle est croissante; *et,* au contraire, *l'en retrancher,* si elle est décroissante.

Ainsi, le 30e terme de la progression :

÷ 4 · 10 · 16 · 22 · 28 · 34......,

est égal à 6 × 29 + 4, ou à 178, ce qu'on peut vérifier en établissant successivement tous les termes de la progression; ou bien encore, en cherchant le 30e terme de la même progression considérée dans un ordre décroissant, tel que :

÷ 178 · 172 · 166 · 160.........,

lequel est 178—(29 × 6), ou 178—174, ou enfin 4. D'où l'on voit que la progression décroissante peut aussi servir à vérifier la progression croissante, et réciproquement celle-ci vérifier celle-là?

356. 2° Que, *pour avoir le premier terme d'une progression dont on connaît le dernier terme, le nombre des termes et la raison, il faut,* si la progression est croissante, *retrancher le produit de la raison par le nombre des termes qui précèdent le dernier terme, de ce dernier terme; et,* si la progression est décroissante, *ajouter ce produit au dernier terme.*

Ainsi, le premier terme d'une progression *composée de 24 termes dont le dernier est 75 et la raison 3,* est égal à 75 — (3 × 23), ou à 75 — 69, ou 6. Et, si la progression était décroissante, *ce premier terme serait* 75 + (3 × 23), ou 75 + 69, ou enfin 144 (Ce qu'on peut vérifier).

257. 3° Que, *pour obtenir la raison d'une progression dont on connaît le premier et le dernier terme, il faut retrancher le plus petit du plus grand, et diviser le reste par le nombre de termes compris entre ces deux termes* plus un, c'est-à-dire *par le nombre de termes qu'il y a dans la progression* moins un.

Ainsi, la raison d'une progression *composée de 28 termes, dont* le premier est 7 et le dernier 115, égale $\frac{115-7}{28-1}$, égale $\frac{108}{27}$, égale 4.

358. *Nota.* La raison peut bien ne pas être un nombre entier; ainsi, *supposons qu'il s'agisse de trouver la raison d'une progression composée de 15 termes, dont le premier est 3 et le dernier 75.*

Nous aurons : $\frac{75-3}{15-1}$, ou $\frac{72}{14}$, ou $5\frac{1}{7}$; ce qu'on peut vérifier en établissant la progression : ÷ $3 \cdot 8\frac{1}{7} \cdot 13\frac{2}{7} \cdot 18\frac{3}{7} \cdot 23\frac{4}{7} \cdot 28\frac{5}{7} \cdot 33\frac{6}{7}$.......

359. *D.* A quoi conduit cette dernière conséquence ?

P. Cette dernière conséquence donne lieu à la résolution d'une question très-importante dans les progressions, laquelle consiste *à insérer, entre deux nombres quelconques donnés, autant que l'on veut de moyens différentiels*, c'est-à-dire, *d'autres nombres formant avec les deux nombres donnés, une progression par différence.*

EXEMPLE I.

360. *D. Qu'il s'agisse d'insérer entre 4 et 84 quinze moyens différentiels ?*

R. D'abord, si l'on connaissait la raison de cette progression, le reste serait facile à établir : or, cettte raison (nº 357), est égale à $\frac{84-4}{16}$, ou à $\frac{80}{16}$, ou 5; donc *la progression cherchée* est :

÷ 4·9·14·19·24·29·34·39·44·49·54·59·64·69 74·79·84.

EXEMPLE II.

361. *D. Qu'il s'agisse enfin d'insérer entre* 3 *et* 8 *onze moyens différentiels?*

R. La raison étant $\frac{8-3}{12}$ ou $\frac{5}{12}$, on a la progression :

÷ 3 · 3 $\frac{5}{12}$ · 3 $\frac{10}{12}$ · 4 $\frac{3}{12}$ · 4 $\frac{8}{12}$ · 5 $\frac{1}{12}$ · 5 $\frac{6}{12}$ · 5 $\frac{11}{12}$ · 6 $\frac{4}{12}$ · 6 $\frac{9}{12}$ · 7 $\frac{2}{12}$ · 7 $\frac{7}{12}$ · **8**

362. *D*. Que résulte-t-il de là?

R. Il résulte de là que, *si entre chaque deux termes successifs d'une progression par différence, on insère un même nombre de moyens différentiels, toutes les progresions partielles ainsi formées ne formeront plus qu'une seule et même progression.*

Soit, pour exemple, *la progression* ÷ 2 · 7 · 12 · 17 · 22 · 27 · 32 · 37·........, *et supposons qu'on insère cinq moyens différentiels entre* 2 *et* 7, 7 *et* 12, 12 *et* 17.....

D'abord, la raison de cette progression étant $\frac{7-2}{6}$ ou $\frac{5}{6}$, nous aurons donc la progression unique :

÷ 2 · 2 $\frac{5}{6}$ · 3 $\frac{4}{6}$ · 4 $\frac{3}{6}$ · 5 $\frac{2}{6}$ · 6 $\frac{1}{6}$ · **7** · 7 $\frac{5}{6}$ · 8 $\frac{4}{6}$ · 9 $\frac{3}{6}$ · 10 $\frac{2}{6}$ · 11 $\frac{1}{6}$ · **12** · etc., etc.

363. SECONDE PROPRIÉTÉ. *D.* Quel est le but de cette propriété?

R. Le but de la seconde propriété est que, dans toute progression par différence, *la somme du premier et du dernier terme est égale à celle du deuxième et de l'avant dernier, à celle du troisième et de celui qui précède l'avant dernier*, et ainsi de suite.

Ainsi, *dans la progression :*

÷ 5 · 9 · 15 · 21 · 27 · 33 · 39 · 45 · 51 · 57 · 63 · 69, on a : $69 + 3 = 63 + 9 = 57 + 15 = 51 + 21$.........

364. *Nota.* On conçoit que si la progression était composée d'un nombre *impair* de termes, celui du milieu formerait *une équidifférence continue* (n° 270); et il serait, par conséquent, égal à la *demi-somme* des des deux extrêmes.

Ainsi, *dans la progression :* ÷ 2 · 6 · 10 · 14 · 18 · 22 · 26 · 30 · 34, qui se compose de *neuf* termes, le *cinquième* terme 18 est égal $\frac{34+2}{2}$: ce qui est en effet.

365. *R.* Quelle conséquence tire-t-on de cette propriété?

R. On conclut que *pour obtenir la somme de tous les termes d'une progression quelconque par différence, il suffit de multiplier la somme des deux termes extrêmes par la moitié du nombre des termes :* puisque, *autant* il y a de fois deux termes, *autant* de fois il y a de sommes comme *celle* des extrêmes.

EXEMPLE I.

366. *D. On demande la somme de tous les termes de de la progression :*

$\div$ 4 · 12 · 20 · 28 · 36 · 44 · 52 · 60 · 68 · 76 · 84 . 92?

R. Puisque cette progression se compose de 12 termes, et que d'ailleurs la somme des extrêmes égale 92 + 4 ou 96, la *somme cherchée* sera donc 96 × 6 ou 576. Ce qu'on peut vérifier en additionnant successivement tous les termes.

EXEMPLE II.

367. *D. Quelle est enfin la somme des* 100 *premiers termes de la progression :*

$\div$ 5 · 10 · 15 · 20 · 25 · 30............?

R. D'abord, l'expression du 100e terme est (no 355), 99 × 5 + 5, ou 500 ; donc, la somme demandée égale 500 × 50 = 25000, (Ce qu'on peut vérifier).

Exercices et problèmes sur les progressions par différences.

I. *D*. On demande le 36e terme de la progression : $\div$ 3 · 9 · 15 · 21 · 27 · 33..........?

II. *D*. Un escalier a 75 marches ; l'élévation de la première est de 15 *centimètres*, et celle de toutes les autres de 20 : quelle est la *hauteur* totale de l'escalier ?

III. *D*. Quelqu'un, par une gageure qu'il a faite et perdue, est obligé de donner, pendant une année, savoir: le premier jour 20 *centimes*, et chacun des autres jours 15 *centimes* de plus en plus : *combien* doit-il donner en tout ?

IV. *D*. On demande le *premier* terme d'une progression, composée de 28 termes, et dont la raison est 7 ?

V. *D*. Un escalier a 175 marches de 18 *centimètres* chacune de hauteur ; la dernière est à 31 *mètres* 57 du sol : on demande l'*élévation* de la première ?

VI. *D*. On a donné 1200 fr. le dernier de 181 jours, donnant chaque jour, excepté le premier, 5 fr. ; *combien* a-t-on donné le premier jour ?

VII. *D*. On demande *la raison* d'une progression dont le premier terme est 5, le dernier 875, et le nombre de termes 41 ?

VIII. *D*. Quelqu'un acquitta une dette en 49 paiements ; au premier il donna 10 fr., et au dernier 990 fr. : *de combien* les augmentait-il à chaque fois ?

IX. *D*. On demande la *somme* de tous les termes d'une progression composée de 50 termes dont le premier est 2 et la raison 6 ?

X. *D*. Un prince vaincu et prisonnier doit donner pour sa rançon, pendant une année, savoir, le premier jour 10 fr., et chacun des autres, en augmentant, 5 fr. ; *combien* donnera-t-il le dernier jour et en tout ?

DES PROGRESSIONS PAR QUOTIENT.

368. *D*. Qu'est-ce qu'on appelle progression par quotient ?

R. On appelle *progression par quotient*, une suite de termes dont chacun contient celui qui le précède, ou y est contenu, *un même nombre* de fois qui est appelé le *quotient* ou *la raison* de la progression.

369. *Telles sont les deux suites de nombres* :

$\div\div$ 2: 6:18:54·162:486:1458:4374:12122:39366: . . .,

et $\div\div$ 64:32:16: 8: 4: 2: 1: $\frac{1}{2}$: $\frac{1}{4}$: $\frac{1}{8}$ . . . . . .

D. Quelle est la raison de chacune de ces progresssions ?

R. Dans la première, *la raison* est 3, et dans la seconde, $\frac{1}{2}$, comme il est facile de le voir.

370. *D.* Comment se nomment-elles chacune?

La première se nomme *progression croissante*, parce que la *raison* y est plus grande que l'unité ; et la seconde, *progression décroissante*, parce que *la raison* y est plus petite.

371. *D.* Comment distingue-t-on qu'une progression est par quotient?

D. Pour distinguer qu'une progression est *par quotient*, on place en tête le signe ∷, et *deux points* après chaque terme ; parce qu'une progression par quotient n'est autre chose, d'après sa définition, qu'une suite d'équiquotients continus (*Voyez les* n°s 282 *et* 283).

D. Comment l'énonce-t-on?

R. On l'énonce comme la progression par différence ; ainsi les progressions ci-dessus s'énoncent : 2 *est à* 6 *est à* 18 *est à* 54, etc., et 64 *est à* 32 *est à* 16 *est à* 8,........

372. Première propriété. *D.* Que résulte-t-il de la progression par quotient ?

R. Il résulte que *le second, le troisième,.... terme*, ou, *un terme de rang quelconque, est égal au premier multiplié par autant de fois la raison qu'il y a de termes avant celui que l'on considère*, c'est-à-dire, *par la raison élevée à une puissance d'un degré marqué par le nombre des termes qui précèdent ce terme quelconque.*

Nota. On conçoit que la progression soit *croissante*

ou *décroissante*, cela ne change rien au procédé; puisqu'en renversant celle-ci elle devient croissante.

373. *D*. Ainsi, *quel est le huitième terme de la progression :* ∷ 3 : 12 : 48 : 192 :.....?

R. Le *huitième* terme de cette progression est égal à 3×4^7, ou a $3\times7\times7\times7\times7\times7\times7\times7$, ou enfin, effectuant les calculs, à 2470629.

374. *D*. De même, *quel est le douzième terme de la progression :* ÷÷ 64 : 32 : 16 : 8 : 4 : 2:.....?

R. Le *douzième* terme de cette progression est égal à $64 \times \frac{1''}{2}$ ou à $64\times\frac{1}{2}\times\frac{1}{2}\times\frac{1}{2}\times\frac{1}{2}\times\frac{1}{2}\times\frac{1}{2}\times\frac{1}{2}\times\frac{1}{2}\times\frac{1}{2}\times\frac{1}{2}\times\frac{1}{2}$, ou enfin, effectuant les calculs, à $\frac{1}{32}$.

Nota. Les *conséquences* de la définition des progressions par quotient sont les mêmes que *celles* des progressions par différence.

375. *D*. 1° Ainsi, comment obtiendrait-on le premier terme d'une progression par quotient?

R. Pour obtenir le premier terme d'une progression par quotient dont on connaît le dernier terme, le nombre des termes et la raison, il faut, si la progression est croissante, diviser le dernier terme par la raison élevée à un degré marqué par le nombre des termes qui précèdent ce dernier terme; et, si la progression est décroissante, multiplier le produit de cette puissance de la raison par le dernier terme.

Donc, le premier terme d'une progression composée de 8 termes dont le dernier est 2470629 et la raison 4, est égal à $\frac{2470629}{4^7}$, ou, effectuant les calculs, à $\frac{2470629}{823543}$, ou enfin 3.

Ce qui prouve le rapport ou la liaison qu'il y a

entre la recherche du premier et du dernier terme (*Voyez le n°* 373).

376. 2° *D*. Comment obtiendra-t-on la raison d'une progression par quotient?

R. Pour obtenir *la raison* d'une progression par quotient dont on connaît le nombre des termes, le premier et le dernier terme, il faut d'abord diviser le plus grand par le plus petit, puis extraire du quotient une racine d'un degré marqué par le nombre des termes de la progression *moins un* (Ce qui revient évidemment au nombre des termes compris entre les deux termes extrêmes *plus un*).

Donc, si 2 et 29366 sont les termes extrêmes d'une progression composée de 10 termes, *la raison* de cette progression sera égale à la racine 9e de $\frac{39366}{2}$, c'est-à-dire à $\sqrt[9]{19683}$, ou à 3.

377. Remarque. Comme il n'existe point de procédé spécial pour extraire une racine d'un degré supérieur au *troisième*, lorsqu'il s'agit d'extraire une racine du 4e, 5e, 6e, 7e, 8e, 9e, etc., degré, voici alors comme on peut procéder : par exemple, *la racine* 4e d'un nombre s'obtient par l'extraction de deux racines carrées successives; *celle* du 6e degré, par une racine carrée et une racine cubique; *celle* du 8e, par trois racines carrées; *celle* du 9e, par deux racines cubiques......

Ainsi, pour obtenir la racine 9e du nombre ci-dessus 19683, nous avons donc été obligé d'extraire d'abord la racine cubique de ce nombre, qui est 27; puis la racine cubique de 27, qui est évidemment 3.

Nota. A l'égard du 5e, 7e, 10e, etc., degré, l'Arith

métique ne nous donne pas les moyens d'en extraire les racines.

378. *D*. Pour dernier exemple, nous prendrons des nombres au hasard ; ainsi, *quelle est la raison d'une progression composée de 7 termes, dont le premier est 4 et le dernier 2840?*

R. Nous aurons d'abord $\frac{2840}{4}$ ou 710, quotient dont il faut extraire la racine 6e, ou successivement la racine carrée et la racine cubique. Ce qui étant fait, on trouve pour raison 2,986 (*à* 0,001 *près*); comme il est facile de le vérifier, en établissant la progression :

$$\div\!\div\; 4 : 11,944 : 35,665 : 106,495 : \ldots\ldots\ldots$$

Nota. On conçoit qu'il n'est guère possible d'arriver bien juste, à cause des fractions qu'on est obligé de négliger ; toutefois, on peut toujours arriver si près que l'on veut de l'exactitude.

379. Conséquences. I. *D*. Que résulte-t-il de là?

Il résulte de là que *pour insérer*, en deux nombres donnés, *un nombre quelconque de moyens proportionnels, il faut d'abord diviser le glus grand de ces nombres par le petit; ensuite extraire du quotient une racine d'un degré marqué par le nombre des moyens à insérer* PLUS UN.

Ainsi, *pour insérer entre les deux nombres* 2 *et* 13122 *sept moyens proportionnels, il faut d'abord chercher la raison, qui est* $\sqrt[8]{\frac{13122}{2}}$, ou $\sqrt[8]{6561}$, ou enfin 3; comme on peut le voir en extrayant successivement *trois* racines carrées de 6561.

Donc, la *raison* étant 3, la progression sera :

÷ 2 · 6 : 18 : 54 : 162 : 486 : 1458 : 4374 : 13122.

380. II. *D.* Que résulte-t-il encore?

Il résulte encore que si *entre chaque deux termes successifs d'une progression quelconque donnée, on insère un même nombre de moyens proportionnels, les progressions partielles ainsi formées ne feront plus qu'une seule et même progression*

Ainsi, *soit*, pour exemple, *la progression* :

÷ 2 · 8 : 32 : 128 : 512 : 2048 : 8192 : 32768,

et supposons qu'*on insère cinq moyens proportionnels entre* 2 *et* 8, 32 *et* 128, etc.

D'abord, comme la *raison* de cette progression est 4, *celle* de toutes les progressions partielles demandées sera donc $\sqrt[6]{4}$, ou 1,262 (*à* 0,001 *près*). Ce qu'on vérifie en extrayant d'abord la racine carrée de 4 qui est 2, puis la racine cubique de 2.

De là, la progression unique :

÷ 2:2,524:5,185:4,017:5,071:6,402:8:10,096.........

381. Seconde propriété. *D*. Quel est le but de cette propriété?

R. Le but de la seconde propriété est que, dans toute progression par quotient, comme dans les progressions par différence, *le produit de deux termes quelconques pris à égale distance des extrêmes, est égal au produit des extrêmes;* c'est-à-dire, que *le produit du premier et du dernier terme est égal à celui du deuxième et de l'avant dernier*, et ainsi de suite.

Ainsi, dans la progression :

∺ 2:8·32:128:512:2048:8192.32768:131072:524288,

on a 524288 × 2 = 131072 × 8 = 32768 × 32=......

382. *Nota.* On conçoit que si la progression était composée d'un nombre impair de termes, celui du milieu, formerait alors *un équiquotient continu* ; il serait, par conséquent, égal au quotient du produit des extrêmes par ce terme.

Ainsi, dans la progression :

:: 3:9:27:81:243:729:2187:6561:19683:59049:177147,

qui est composée de *onze* termes, le 6e est égal à $\frac{177147 \times 3}{729}$: ce qui est en effet.

383. *D.* Que résulte-t-il de cette seconde propriété ?

R. Il résulte que *pour obtenir le produit de tous les termes d'une progression par quotient, il suffit de multiplier le produit des extrêmes par une puissance d'un degré marqué par la moitié du nombre des termes de la progression;* c'est-à-dire, *par autant de fois ce produit qu'il y a de fois deux termes dans la progression.*

Ainsi, *le produit de tous les termes de la progression :*

∺ 2 : 4 : 8 : 16 : 32 : 64 : 128 : 256,

est égal à 256 × 2 ou 512^4, ou à 8719466776.

(*Pour la théorie de toutes les propriétés des progressions, voyez mon Traité d'Arithmétique. Le voir aussi pour les tables des Logarithmes et leurs applications.*)

Exercices et problèmes sur les progressions par quotient.

I. *D.* Quel est le 12ᵉ terme d'une progression dont le premier est 5 et la raison 2?

II. *R.* Quelqu'un donne maintenant 4 fr., et s'oblige de donner ensuite chaque jour pendant un mois progressivement 2 fois plus ; combien donnera-t-il le 30ᵉ jour.

III. *D.* Quel est le *premier* terme d'une progression composée de 11 termes, dont le dernier est 5020 et la raison 2?

IV. *D.* Quelqu'un a donné au bout de 7 jours 3645 fr., donnant chaque jour de 3 en 3 fois plus ; *combien* a-t-il donné le premier jour?

V. *D.* Le dernier terme d'une progression est 324, le premier est 4, et le nombre des termes 5 ; quelle est la *raison?*

VI. *D.* Un spéculateur a commencé sa fortune avec 4 fr. ; la 10ᵉ année elle s'élève à 78732 fr. : dans quel *rapport* par quotient augmentait-elle chaque année?

VII. *D.* Un joueur ayant perdu 5 fr. la première partie, en fit cependant 6 autres qu'il perdit aussi en triplant le jeu à chaque partie ; on demande *combien* il perdit à la 7ᵉ?

VIII. *D.* Quelqu'un assure que si l'on triplait son argent seulement pendant 4 fois successives, il aurait 324 fr. ; *combien* a-t-il?

IX. *D.* Si, entre 2 et 10, on insérait 8 moyens proportionnels, *quelle* serait *la progression*?

X. *D.* Quel est le *produit* de tous les termes de la

progression ÷÷ 2 : 10 : 50 : 250 : 1250 : 6250 : 31250 : 156250?

XI. *D.* Quel est le *produit* de tous les termes d'une progression composée de 10 termes, dont le premier est 1 et la raison 10?

XII. *D.* Un roi vaincu et prisonnier est obligé de donner, pour sa rançon, pendant *sept* jours seulement, savoir : le premier jour, la modique somme de 10 francs, et successivement tous les autres jours, de 5 en 5 fois plus ; on demande *combien* il donnera le dernier jour et pour le tout?

FIN.

ERRATUM.

Page 5, ligne 14, *mettez* une *s* à dizaine.

Page 44, ligne 15, *lisez*, aux deux nombres 669.911, 95925.

Page 96, ligne 6, *au lieu de* pour, *lisez* par.

Même page, ligne 14, *au lieu de* redire, *lisez* réduire.

Page 126, ligne 7 *ajoutez* une *s* à chiffre, et *retranchez-la* au mot demandés.

Page 131, 1re ligne, *au lieu de* carré, *lisez* cube.

Page 145, ligne 18, *supprimez* de même valeur.

Page 178; ligne 9, après ainsi, *ajoutez* on a.

Melun. — Imprimerie de DESRUES.

www.ingramcontent.com/pod-product-compliance
Ingram Content Group UK Ltd.
Pitfield, Milton Keynes, MK11 3LW, UK
UKHW020322230726
13925UKWH00002B/570